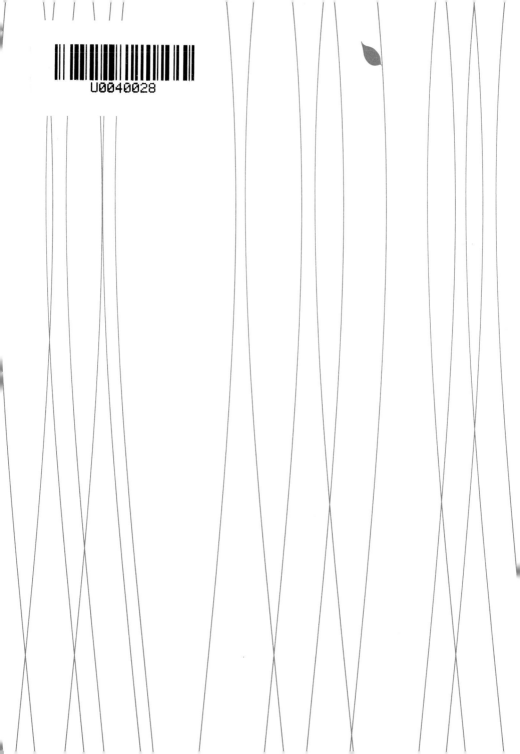

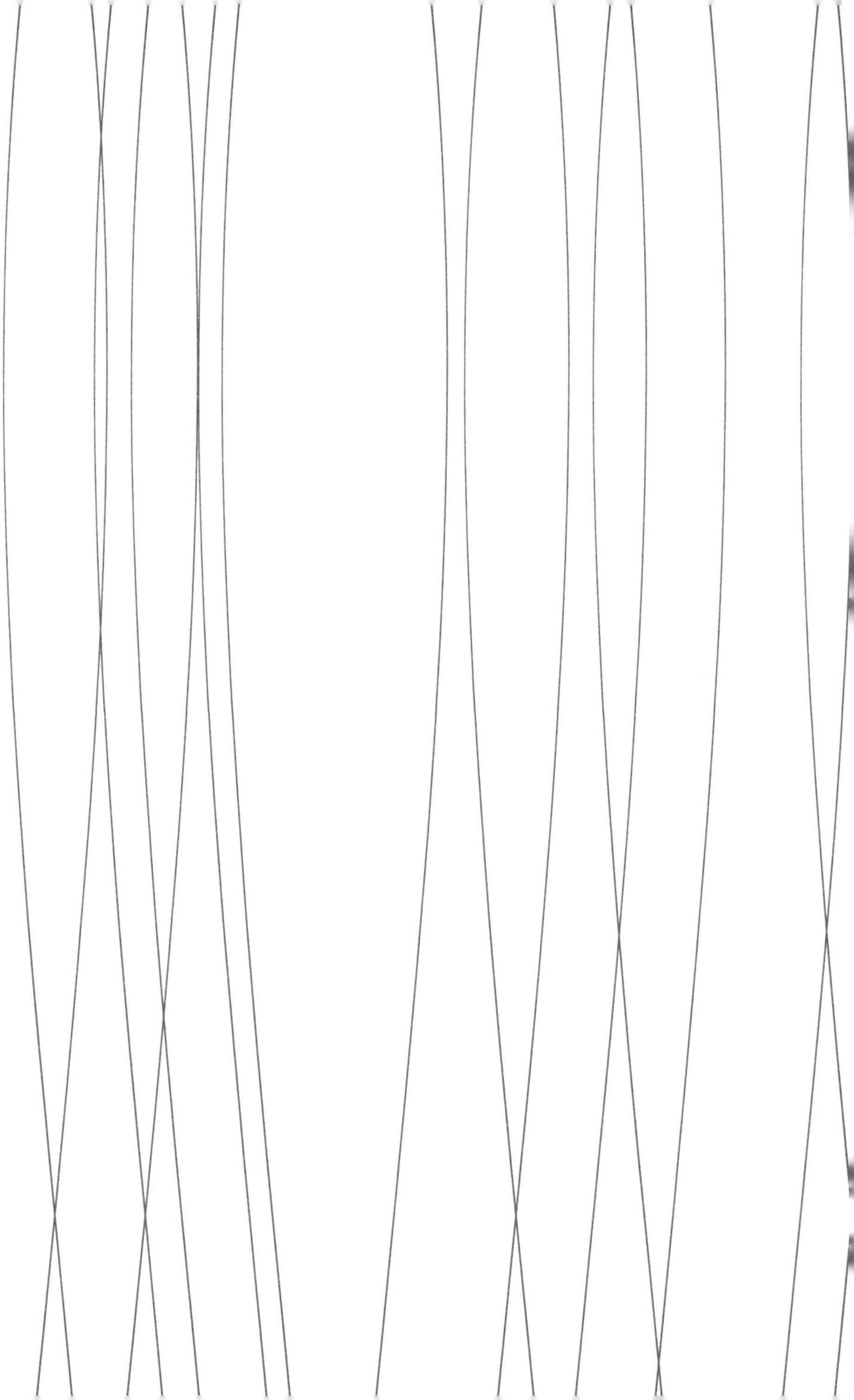

黃金之葉

行進於知識的密林裡，
途徑如此幽微。
我們尋覓一些參天古木，作爲指標，
我們也收集一些或隱或現的黃金之葉，引爲快樂。

黃金之葉
32

Net and Books 網路與書

你不知道的權力的二十種面貌

權力不只是政治人物的事 也和商業社會裡每一個上班族有關

Kinds of Power: A Guide to its Intelligent Uses

作者：詹姆斯・希爾曼（James Hillman）
譯者：鄭依如
責任編輯：陳孝溥
封面設計：簡廷昇
內頁排版：宸遠彩藝

出版者：英屬蓋曼群島商網路與書股份有限公司台灣分公司
發行：大塊文化出版股份有限公司
台北市105022南京東路四段25號11樓
www.locuspublishing.com
TEL：(02)8712-3898　FAX：(02)8712-3897
讀者服務專線：0800-006689
郵撥帳號：18955675　戶名：大塊文化出版股份有限公司
法律顧問：董安丹律師、顧慕堯律師

總經銷：大和書報圖書股份有限公司
地址：新北市24890新莊區五工五路2號
TEL：(02)8990-2588　FAX：(02)2290-1658

初版一刷：2024年4月
定價：480元
ISBN：978-626-7063-66-8

你不知道的
權力的二十種面貌

權力不只是政治人物的事
也和商業社會裡每一個上班族有關

詹姆斯・希爾曼 James Hillman — 著
鄭依如 一 譯

不是必需品，也不是慾望——對權力的熱愛才是人類的魔鬼。你可以給人類一切，健康、食物、避風港、愉悅，但是他們仍然會不高興，而且喜怒無常。魔鬼繼續等待，而且必須得到滿足。奪走人類擁有的一切，讓魔鬼滿足，他們就會十分接近快樂——那是人類和魔鬼最大的快樂。

——尼采（Friedrich Nietzsche），《曙光》（*The Dawn of Day*）

TABLE OF CONTENTS

目錄

緒論

本書所探討的是商業的心理學。身為一名心理學作家，我為了廣大讀者將寫作主題轉移到商業，因為那裡有最多大膽和敢於挑戰的從業人員，而他們也最重視權力相關議題。商業的心理學不該僅適用於生意人，也不僅限於從事工業、商業和經濟工作的人。商業是我們每天早上起床的主要原因，更是每一天的組織原則，對所有人而言都是如此。當你的一天開始，你的商業也就此拉開序幕。商業給了我們形塑人生的概念，也就是成功、價值和野心。掙扎、挑戰、勝利與失敗，種種商業的戲碼則是形成文明社會最根本的神話，這個故事解釋了我們行為儀式暗含的底線。我們的日常生活其實就是商業的基本概念——賺錢、花錢、存錢、生產、評價、擁有、販售……我們也許更想相信愛會決定我們的命運，或者靈魂最深沉的夢想與熱情、技術與科學的日新月異，才是真正指引我們人生方向的因素。但是在實際的生活中，商業的概念總是如影隨形，從車道到辦公桌、從日出到日落。

商業社會中的權力

在所有的商業概念中，主宰一切的就是「權力」。權力，正是讓我們產生動機和做出選擇的隱形魔鬼。權力，站在我們對失去的恐懼與對掌控的渴望背後；權力似乎能給予我們最終的獎賞。所以在接下來的章節中，我會以最長的篇幅和各種角度探討權力。

權力並不會赤裸裸地呈現，而是會偽裝成權威、控制、威望、影響力、名氣等各種樣貌。為了全面瞭解權力的本質，我們必須深入觀察和探索權力各式各樣的面貌，才能瞭解權力的概念是如何以獨特又特定的方式，在日常生活中影響我們的心理。儘管表面上看來，本書的主題似乎是「權力的概念」，然而，探討「概念的力量」才是整本書潛藏的主旨。當我和你們沉思和考慮時，思考的都不是「權力」本身，而是**概念**（idea）。我將在本書前言中一再強調，為什麼這個差異如此重要且不容忽視。

掛在牆上的日曆，不祥地宣布我們所有人都活在世紀之末、千禧年之末、十億年之末，各個科學期刊都在在點明，我們正在經歷足以匹敵冰河期的生物大滅絕。移民、瘟疫、貪婪造成的破壞、中毒；地理、基因和生物化學上的改變，從根本動搖了我們對歷史延續進展的信念。曾經的希望陷入混沌；未來毫不明確，「過去」與「未來」的概念崩解，我們無法再區分幻想與預言，或區分紀錄和回憶與解釋的差別。我們能以什麼為依據？哪些好事真的可以歷久不衰？商業的世界作為整個世界的一部分，能夠從靈魂深處感受到這些天翻地覆的變化，想辦法支撐起它的基本概念。什麼樣的概念賦予商業權力，使其能夠在時代變遷的時刻，依然處於掌握我們人生的強勢位置？

商業的概念，例如商品、交換、成本、市場、需求、利潤、財產等等，可能源自單純的以物易物與交易。時至今日，這些概念已經扎根成為獨立存在的個體，而且逐漸形成極為複雜的有機體「經濟」，進而涵蓋整個世界，不論是已開發國家或未開發國家、自由市場或受管制的市場、工業或原始社會皆然。經濟這個文明世界的神，甚至被收購、國家主義和國家安全取代。跨國公司掌握的「權力」甚至勝過許多國家的政府，而公司的權力取決於其所在的國家。由西方資本主義定義的商業，成為人類社會的基本力量，而且類似所有的一神論信仰，以基本信條宣揚其基本教義的信念。商業將眼前的所有阻礙一一擊退。商業最後的敵人，也是最古老的敵人：古老的血腥報復之神、地域部落主義和性別之間不斷出現的死亡鬥爭，都仍然反抗著商業，還有大自然的原始神靈——海洋、沙漠、地核內的岩漿，以及暴風和雨水的力量，都在羞辱和擾亂商業的權力。與環境有關的論戰就是現今宗教戰爭的舞台，顯示著古老的異教自然神靈，並沒有完全被「經濟」這個神統一世界的計畫所壓制。

經濟不同於世界上的其他帝國，不仰仗羅馬軍團和大英帝國的船艦、祕密警察，或者儲備核武。經濟與宗教一樣，權力是內化的，藉由心理學方法來統治。經濟決定誰屬於他們的群體、誰被排斥，獎勵和懲罰富人與窮人、優勢族群和弱勢族群。因為所有人都接受這種內化的想法，沒有任何質疑，所以當代的潛意識正是存在於經濟中，那也是最需要心理學分析的領域。我們的個人生活不再是潛意識存在的地方——每一次療程、每個互助小組和家庭諮商，每個下午時段的談話節目和肥皂劇，都讓裝滿私密熱忱和痛苦的櫃子敞開。潛意識正如其字面意義：最不容易意識到的，亦即最普通、最熟悉、最日常的事物，那就是商業的日常工作。

因為商業世界的規則，商業的各種概念，尤其是幫助商業維持權力的概念（亦即權力的概念本身），就必須成為想了解當代社會成員的心理學所關注的焦點。商業不只是其中一種影響我們生活的因素或元素，商業的概念提供必不可少的經紗和緯紗，編織出我們的行為模式。我們是無法逃離經濟的。想要拋開對賺錢和擁有的渴望、公平薪資和經濟正義的理想、對稅制的憤懣、通貨膨脹和經濟蕭條的幻想、儲蓄的吸引力，忽視交易、收集、消費、販售和工作的心理病理學，卻又假裝能夠掌握我們社會中所有人的精神生活，那就好比是當你想分析中世紀的農民、工匠、女士和貴族時，卻完全忽略掉基督宗教信仰的影響，彷彿宗教只是無關緊要的小事情。不論有多少人會在星期天上教堂做禮拜，經濟就是我們當代的神學。經濟是全世界唯一一個有效融合各種信念的信仰，是我們這個世界唯一的普世信仰。經濟讓我們做出日常儀式，在瑞士銀行這個共同的聖殿中統一了基督教徒、印度教徒、摩門教徒、無神論者、佛教徒、錫克教徒、基督復臨安息日會信徒、泛靈論者、福音派信徒、穆斯林、猶太教徒、基本教義派信徒和新世紀信徒。這座銀行聖殿接納了所有人，就連貨幣兌換者也有棲身之處。

香港回歸中華人民共和國時，雙方的焦慮不安最能夠鮮明地展現商業的權力。香港的恐懼來自古老的地緣政治想像——一個彈丸大小的港口飛地，將被擁有十幾億人的大國吞噬；而中國的恐懼來自他們理解香港所代表的商業概念，商業的力量無比龐大，能夠永遠改變十幾億國民的政治思想與生活方式。

既然商業對我們每個人都有如此強大的宰制力，那麼我們就更應該瞭解，商業的權力是如何運作的？商業的本質是什麼？商業的權力是由什麼構成，才能使商業擁有如此龐大的宰制力？商業沒有隨時聽命的軍隊，沒有必須事事順從的統治者，沒有特警隊或祕密警察，沒有編纂成冊的律法或灌輸年輕人的教條，更沒有統一的政黨綱領或黨派、沒有教堂、教義、牧師或聖典。那麼商業的權力在何處？

我們只能從商業概念的普遍性中找到解答。當代文明的組成，不是仰賴美、真理、正義或命運的概念，也不是像羅馬治世倚仗軍事力量，更不是仰賴普通法（common laws）、神靈、語言或共同信仰。只有商業是真正普世的概念。如果商業的概念，例如貿易、財產、產品、交換、價值、利潤、金錢等等，有意識或無意識地統治著地球上人類的生活，那麼就是這些概念結合在一起，讓商業擁有了權力，跨越所有地理邊界和習俗形成的障礙，建立起商業帝國。這些概念滲入我們製造、服務、選擇和保存的每一個行為之中。我們每一個人都身陷商業之中。究竟是什麼構成了商業的權力？我們現在有了一個解答。

但是這個解答卻帶來更大的問題：什麼是權力？解釋這個大哉問（這就和什麼是自然、美、靈魂、真理、愛、生命或人類一樣，是個龐大的問題），正是本書的工作。

權力的眾多概念

這本書的主要任務，是檢視「權力」這個詞彙所承載的眾多概念。有鑑於我們通常會對研究權力踟躕不前，這實在不是一件簡單的任務。物理學喜歡說

「能量」和「力」；邏輯常用的詞彙則是「原因」和「必然性」，而心理學是說「動力」。而權力的概念是出現在政治與宗教領域，這兩個領域因為隨時可能擦出怒火破壞平靜的對話而臭名昭著。既然權力概念在政治和宗教的討論中特別盛行又是最根本的概念，那麼本書也會舉出政治領域的例子，與宗教放在一起比較。本書的其他章節也會提出與政治或宗教無關的討論，陳述他們如何想像權力、把持權力、使用權力、渴望和懼怕權力。我揭露的所有事實，都會促使你的商業心態接收到新思想的種子，從而運用在商業活動中。此外，本書也會聚焦於商業本身，探討與其權力不直接相關的概念，例如「成長」和「效率」，最後則是在潛意識中影響到商業態度和實踐的神話。

本書想透過三種方式影響讀者的心智。**首先**，本書想攪亂那些對權力根深蒂固的概念，尤其是那些讓我們自以為明白權力，或以為能夠掌握權力的簡單概念，例如「金錢就是權力」，或者是法蘭西斯·培根（Francis Bacon）的名言「知識就是力量／權力」，不過這句話現在已經變成「資訊就是權力」，這句至理名言似乎讓約翰·胡佛（John Hoover）在正直探員的神話被變革的風潮粉碎之後，依然穩坐聯邦調查局局長之位好幾年。其他簡單的概念包括堅稱權力就是武力：「槍桿子裡面出政權」（毛澤東）和「槍枝讓我們大權在握；奶油只會讓我們肥胖」（赫曼・戈林（Hermann Goring））。還有其他諸如此類的說法，例如「權力是以工作的完成率衡量」和「權力使人腐化」，甚至一些警世名言，例如「掌握權力的朋友，就是失去的朋友」（亨利・亞當斯（Henry Adams）），以及愛默生（Ralph Emerson）那兩句一言以蔽之的名言：「人生就是在追逐權力……」以及「所有權力都是同一種，就是共享世界的本質。」另一個廣為流傳的共識，就是我們能在商學院學習權力，不論是自行學習或跟在一流主管身邊實習都可以。這實在太簡單了。太輕而易舉了。

與這些簡單概念相對的，是哲學家提出的困難解釋，例如：「權力是對布局的強烈慾望」（艾弗雷德・懷德海（Alfred North Whitehead））；「權力是刻意造成的結果的產物」（伯特蘭・羅素（Bertrand Russell））；「權力就是A採取特定行動下發生事件的機率，與A不採取特定行動下發生事件的機率差異」（羅伯特・道爾（Robert Dahl））；「因此，權力本身具有的不是壓迫力量，而是空間與時間的特定延伸」（伊利亞・卡內提（Elias Canetti））；「我將德性和權力理解為同一事物；由於德性與人有關，也正是人的本質或本性」（斯賓諾莎（Baruch de Spinoza））。

看完這些複雜難懂的闡釋後，我們又會回頭求助於簡單易懂的解釋。但是誠如愛因斯坦所言（Albert Einstein）：「凡事應力求簡單，但不能過度簡單。」隨著問題變得越來越複雜，「簡單」的誘惑就越來越強烈，因此像羅斯・佩羅（Ross Perot）和隆納・雷根（Ronald Reagan）說過的簡單話語，便讓許多人不必花費太多心思也能獲得內心的平靜。簡單的概念令人愜意自在，不會產生麻煩。簡單的概念似乎能讓問題安安靜靜地躺在內心深處的泥灘裡，將所有劍拔弩張與複雜難解隔絕在外。一個簡單的權力概念，任何簡單詮釋權力的概念，都會讓我們變得平靜而消極，反而削弱了我們的權力。心智需要更豐富的食物，而且喜歡像蛇或狐狸一樣巧妙地移動，否則會因為視線狹隘而被打個措手不及，從而阻礙了取得和享受權力之路。假如我們不先打亂心智最熟悉的權力概念，就很難明智地運用這些概念。假如我只簡單地用「控制」定義權力，我會永遠因為害怕失去權力而不敢放手。如果被這個概念困住而讓我變得疑神疑鬼、爭強好勝、不斷展現自己的領導地位，我將永遠無法發覺影響力、威信、慷慨或耐心反抗的微妙權力。必須先動搖概念才能讓一切變得明朗，所以我很歡迎紛亂。

研究概念的表象，有助於仔細審視一個概念。權力隨處可見：權力掮客和權力餐會；權力相關書籍和權力遽增；權力操縱和權力工具；權力旅行和權力怪物；甚至是新世紀薩滿（shaman）的權力歌曲和權力動物。「權力」這個廣泛的概念出現許多面貌，這便是本書的**第二個**意圖：拆解組成「權力」這個詞的所有概念與內涵。舉例而言，如果你說「想要更多權力」，你是想要更多生命力，還是更多主導混亂情勢的機會，還是受到更多表揚，還是想要更堅強的耐力揹負你的重擔？你想要更頂尖的職位和職稱，還是想讓自己的決定更有權威？你想要領導還是指揮？你想要因為支持他人而受到愛戴，還是因為令人聞風喪膽而受到敬畏？這些概念都屬於不同的權力。在哲學領域，以不說教、不建議、不以一個立場壓制其他立場等不帶偏見的研究呈現現象本身，稱為現象學方法，而本書就是要以現象學方法探討權力的概念。

區分風格和種類，將可以延伸整體的個人權力。這正是本書的**第三個**意圖：將權力的概念延伸至感受、理智和精神層面，超越人類意志行使的權力。像這種在研究中通常不會考慮的各個權力面向的延伸，目的是為本書的讀者提供更多的潛力。這本書確實是有意「賦權」，不然何必花費心力讀這本書呢？賦權是來自於拓展你對身邊各種權力的理解，以及來自探索更多擁抱權力的可能性。學習的方法很簡單，就是拆解包裹著權力概念的潛意識，而不是透過跟隨指引和練習。先是拓寬思想，再來才是拓展行動。

舉例而言，若只有肉和馬鈴薯能代表食物的概念，我的飲食將會受到嚴格的限制。一旦細分了食物的概念，我的進食行動就不只拓展到水果、雞蛋和乳酪等食物，還讓我得以到異國餐廳用餐、旅行到國外，磨練我整體的感官。

所以當你讀完本書，你對權力的概念應該會被打亂、分化並拓展。

我會以精神分析學家的方式探討這個主題，畢竟這就是我的工作：長年教導和實踐精神分析的老師與分析師。正如同精神分析學，當我們奮力尋找澄清（還有打亂、分化和拓展）概念的見解時，應該試著理解我們的話語意圖達成什麼。正如同精神分析時，我們坐在兩張椅子上，你閱讀和我書寫時，我們都碰觸到了文字，以及文字傳達的慣性潛意識概念和感受。在我們溝通的時候，其他意料之外的想法和感受會浮現在我們心頭、改變我們的心態，在我們寫完紀錄、會面結束後，我們會獲得觀點與認知，以全新又出奇不意的方式影響我們的行動。

透過語言交流釐清思緒，是從孔子和蘇格拉底（Socrates）就開始採取的方法。他們都認為改正所有問題的起點，始於仔細斟酌我們的發言，佛洛伊德（Sigmund Freud）也延續了這個方法。他一開始將自己的精神分析學稱為「談話治療」（talking cure）。為了意識到所有事情，我們首先得用字正確，因為文字的含意太多了。我們面對面坐著，例如進行療程或商業午餐時，都用了同一個詞彙「權力」，但是這個詞彙隱含的意義可能截然不同。

如果不留心使用的文字，我們會變得啞口無言又愚蠢。這樣的啞口無言（我不是指聲帶損傷），會讓人以直率又粗野的方式展現自己的權力，例如警察暴力、飛車槍擊、強暴、家暴、無謂攻擊、過度暴力、酒駕超速、大聲爭吵、製造噪音、無禮又冷酷的舉止，以及兒童持槍等等。語言可以傳達各式各樣的情緒，這正是語言的美麗之處，也是語言的權力所在。少了感受文字的能力，我們的情感表達會變得原始，只能訴諸於肢體，而且變得毫無意義。

中國人有個流傳數百年的說法，認為人們會訴諸肢體暴力，是因為無法用文字解決問題。也許治療美國暴力事件的起點就是談話治療，而談話治療是始於瞭解文字的效力。

啞口無言與愚蠢，不只會出現在光譜上暴力的那一端。我們可以在另一端看到，許多美國人在感覺自己不幸又沮喪地失去權力之際，除了喃喃自語著「賦權」，無法用言語形容自己毫無目標的絕望。「賦權」成為催促人們踏進心理治療的嘉年華，光顧自助治療和復原攤位最有力的口號。現在有很多人覺得自己「失去權力」。所以他們，還有我們，到底在要求什麼？曾經實現在更好的土地上創造更好時代這個夢想的權力，為何消失，又消失到哪去了？心理學是讓人重新賦權的方式嗎？在全國各地，每個星期、每個晚上都有數十萬人參加的互助小組課程成員，他們真的能夠「找到權力」嗎？在討論那些問題之前，我們首先要談談權力這個概念。

身為治療師，我深信如果要讓美國社會恢復權力感，光是個人賦權療程是不夠的。某個根深蒂固的思想，正在影響整個社會的當代精神。或許是與時代的交替有關，與大滅絕和汙染有關，與世界靈魂中的異教力量要求的報應有關，那個思想進入一個人的心靈，從而變成他的病根。但是透過治療讓感覺和身體變得敏銳，以及增進與人交際溝通的技巧，無法解決病根的核心。

核心是集體的，再來才是個人。換句話說，令人難以承受的失敗、無能和受困的感覺，可能是反映在個人身上的集體靈魂的痛苦。古代思想甚至無法將個人靈魂生活與世界靈魂分開來看。我們的個人病根的核心，不侷限於心理學方面，還有精神層面，所以採用心理學方式總是只能復原一半。除此之外，折磨著政體或者說國家靈魂的當代病根，也是概念層面的。功能失調的概念也需要接受治療，而且不僅僅是這些概念的傳播者和受害者需要治療。我們也不能期待光靠著情緒治療，就能治癒這些膚淺又廉價的概念。你不能將頭腦或左腦擱置一旁，然後期待自己能夠明白掌握媒體扭曲報導，以及在全國性辯論中得到明智的改進。不論我多麼真誠、努力地想要解決權力感的問題，如果我的心智仍然著迷於成長和效率之類充滿希望的幻想，或者著迷於控制、權威、領導和聲望這種簡單的概念，我就會繼續在每天與現實世界權力運作的鬥爭中敗下陣來。治療必須能夠動搖並改變主導我心智的概念與神話，否則我那適應良好的情緒體，還有在積極人際關係領域中提升的自尊心，就會在溝通良好、跑得更遠、保住工作的同時，又暗自渴望著賦權，因為我仍然沒有意識到權力整體的複雜性，因此無法表達自己真正渴望的是什麼。

沒錯，我們的問題存在於生活之中，但是我們的生活存在於權力的領域中，受到其他人的影響、遵循權威、受制於暴政。除此之外，我們生活的權力領域就是有辦公室和汽車、工作系統和堆積如山的垃圾的城市。這些也是影響我們靈魂的權力與力量。當更廣大的世界崩潰瓦解、病入膏肓，個人也會受到折磨。既然一個人不是使自己遭受折磨的原因，那麼病根就無法治癒。政府官僚主義、教育、機構和企業的集體權力失效，無法有效將權力往下傳遞給被剝奪權力者、受壓迫者和貧困者，還有在美國城市街道下方不斷冒出刺鼻熱氣的機器，讓我們得關注自家地下室保險絲盒以外的變壓器和發電機。我們要將關注焦點放在超越我們個人的權力線上，也就是作為原型線路為我們每個人注入能量的主流概念。個人的復原無法取代國家整體的復原，最好的情況是能夠攜手復原。現在需要接受心理學關注的是現今世界上功能失調的概念，而不是內在小孩過去的創傷。為了恢復個人權力，我們必須先探尋權力集體概念中的源頭。

概念是什麼？

如果要追尋權力概念的源頭，尤其是在美國，我們要先真誠地理解和欣賞概念本身。概念或許是人類身上最珍貴的奇蹟。概念決定我們的行為目標、我們的藝術風格、我們性格的價值、我們的宗教儀式，甚至是我們愛人的方式。而本書就是為概念的珍貴力量而撰寫。

概念的自主性一直以來都是癥結點所在，概念有能力侵入和攫取人類的心靈，將其塑造成意識形態。我們是否真的知道有什麼事物進入我們心中——那些概念與想法像家具一樣，靜靜佇立在原位數十年，決定著我們習慣的思考方式和行為的每一步。那些我們擁有卻不自知的概念與想法，其實一直把持著我們。

舉例而言，將武力視為權力的想法，控制著美國人對個人關係、企業管理和外交事務的想像。「權力即武力」這個簡單的公式，對我們整個文化造成無法估量的後果，包括美國為了維持世界強權的地位而編列過分誇張的軍事預算，藉由毆打和強暴妻子以鞏固男性權力，還有為了維護個人自由的權力而持有武器。不過，若是像義大利和日本的統治者將權力定義為影響力（連結、裙帶關係、人脈），或者像奧地利的哈布斯堡（Hapsburg）王朝將權力定義為指派和把持職位，那麼其他類型的權力就會淡化武力在社會中的角色。傳統英國社會亦同，權力的定義比較類似壓抑的階級體制中的從屬關係。所以倫敦的警察不會配戴武器：口音和禮節就是管束失序行為和讓英國人民「不敢踰矩」的武力。同理，如果權力的定義來自與祖先、神靈和超越人類之力量的關係，那麼繁瑣的入門儀式和禁忌，就能轉變武力的意義並且控制住肆意的暴力攻擊。在我們的社會能夠實際限制軍備花費、保護家中和街上的公民，以及通過有效的槍枝管制法之前，必須先釐清我們對權力抱持的概念。

渴望得到新的想法和心智技能以應對意料之外的概念帶來的束縛，是美國人靈魂深處的渴望。這是我在全國各地進行巡迴教學、私人諮商和靜修時發現的。人際關係或許能帶來安慰、互助小組也許能給予鼓勵，而成功能提升一個人，但是概念才能賦予精神權力，讓人打開眼界，看見充滿前景的可能性。我不想認定我們本質上是執著於安全感（人身安全、保險、監獄、保護、標示法）的族群；也不想認為我們是受到消費主義奴役，被媒體、娛樂和明星迷惑，以及依賴人際關係的族群；或者認定我們是個自戀的社會，因為迷戀自己的童年而全盤否認我們的國家悲劇，無法想像充滿意義的未來。這些診斷只觀察到了表面的症狀，如果沒有了解最主要的綜合症，症狀就只是不斷波動、隨著時代變化的表象。更深層的綜合症是精神的惰性，一種感受不到使命感，而且會逃避充滿想像力的遠見、充滿冒險精神的思考和知性闡釋的消極態度。我們現在想像著自己是受害者的國家，證明了國家精神正處於真空狀態。這就是正在追尋清晰明瞭的靈魂所產生的症狀。清晰明瞭是不可或缺的。

靈魂正在迫切地追尋心靈的權力，解決他們所經歷的無能為力。儘管我們想要概念與想法，卻還沒學會如何掌握。我們耗盡想法的速度太快了，我們擺脫概念的方式就是立刻實踐。我們似乎只知道一種面對概念的方式：實踐，然後將其轉變成可以用的東西。一個「好概念」之所以好，是因為可以省時、省錢，或者讓事物變得更方便。概念會在這個轉變過程中死去，永遠失去創造生命的力量。古希臘的斯多葛（Stoic）學派曾經談到「*logos spermatikos*」，也就是創造一切的文字，或是具有開創性的思想。這些種子概念被實踐和具像化之後，就無法在概念的世界中繼續生成更進一步的概念了。

當喬伊絲琳．艾德斯（Joycelyn Elders）醫生提出違法藥物合法化的想法，或自由主義者提議廢除個人所得稅時，我們會倉促做出評斷，立刻開始爭論這些概念是否可以實踐。我們會爭論這些概念對誰有益、對誰有害；要付出什麼代價；要怎麼順利實踐；會對預算、福利制度、醫療照顧、內城低收入區、防衛部署造成什麼影響？爭論聚焦在假設性的「事實」、實施模型，以及各種意見和立場的道德上，卻完全忽略更進一步的思考和感受。艾德斯醫生或自由主義者播下的種子所激發的概念，在思維世界中產生了實踐方法之外的結果。合法藥物讓人聯想到青少年、成癮、製藥產業、酒精、自由、城市、愉悅，而稅務會引發政治科學的複雜問題——政府的本質、收入與花費的關係，以及稅收作為十一奉獻、懲罰、社會共享的原則等等。我們將焦點放在「如何」和「誰」，而迴避了在心中仔細思考「什麼」這個問題，沒有將概念視為娛樂、將構思視為運動，如同其他可以帶來樂趣和心理鍛鍊的活動。可惜我們不是一個會討論概念直到深夜的國家，因為我們光是努力實踐概念就已經疲憊不堪。

因此，我接下來不會解釋商業組織該如何運用這些概念解決他們的經營難題，我擔心會太早把鳥兒關進籠子。我們首先想想看心中想到什麼，感受一下，接著再思考和衡量。接下來幾頁採用的方法，也不會是緩慢耐心的推論或證據收集。我對於概念的想法，就是首先必須**接納**概念。然後那些概念就能在你心中點燃更棒的概念火花，讓你的人生中出現意料之外的概念實踐。我的策略與其說是解釋，更像是引爆，我會用各種方式讓概念簡潔、快速、熱烈和零碎，例如激烈的極端主張、遙不可及的幻想，或是猛烈攻擊我們極為重視的傳統思維。請你把接下來的討論視為察覺、腦力激盪、即興表演、隨興描繪看不見的事物。請務必記得，我們不是在課堂上，我也不是你的老師。現在，讓我們來聊聊概念吧。

既然概念是我們的討論對象，就必須先釐清概念究竟是什麼。「概念」的希臘文是「*eidos*」，源自「看見」（*idein*）這個詞彙，並且具有兩個意思：（一）被看見的東西，例如形貌，以及（二）一種看見的方式，例如觀點。我們既看過概念，也會藉由概念去觀看。概念是我們心靈看見的形貌，也讓我們的心靈得以將事件形塑成具體的經驗。

概念在傳統上的第一個意義，是將其視為如同輪廓一般清晰的心理或語言形象，這出現在近代笛卡兒（René Descartes,1596-1650）追求「清晰明確的概念」時，從此成為他整套哲學理論和我們西方思考方式的基礎。概念的力量如此龐大！柏拉圖（Plato）學派的形上學家認為，概念存在於超越感官知覺的理型世界中，只有理性、想像和回憶（或許還有魔法）能夠觸及。他們認為你可以思考、想像和記得概念，或許還能操控（心靈控制、宣傳、灌輸），但是你永遠無法碰觸或感受到概念。

概念來到我們的心中。我們能「得到」概念，也能被概念「抓住」。概念或想法可能藉由一閃而過的靈感、長時間的沉思和考慮、夢境或全神貫注來到我們心中。概念經常從一個人的心中移動到另一個人心中，不屬於任何一個人。有時候同一個想法，可能會同時出現在不同的地方和不同的人心中。概念可以說服我們，甚至轉變我們，因此概念擁有的龐大權力如同揭露一切的啟示，就像是《約翰福音》（the fourth Gospel）中約翰（John）看見的異象，「*eidos*」是可以看見和感知的，就像是我們能聽見精神的聲音。拉丁文「*invenire*」表達了概念的「到來」可以引導人們發現，從而衍伸出現在的「發明」（invention）一詞。我們所有的發明一開始都是概念；我們所有的物質力量都是來自概念力量。

概念在傳統上的第二個意義是作為一種看見的方式，也就是觀點，表示概念打開了你的眼界。新概念就是新的看見方式。「你有看出我的意思嗎？」、「看看我說的話」和「這樣看好了」之類的說法，結合了概念的兩種含義：概念作為獨立的實體和一種觀點。

既然概念已經在我們的觀點中運作，例如我們會說「那是你的觀點；我的概念跟你不一樣」，那麼不論做什麼事情，仔細思考和檢視概念就成為首要之務。因為我們將一般的概念視為理所當然，概念（作為一種超越感知的力量）將我們牢牢抓在手中，我們卻絲毫未察覺。這就是為什麼探究概念是自由，而鼓勵概念是提升。有一個概念打從一開始就阻礙了我們對概念的檢視：那就是認定概念是我們自己在腦中創造的，彷彿那是人類大腦分泌而成的。我們將人類的名字冠在新發明的技術、醫學發現、治療方法和數學定律上，將概念歸功於理論上想到這些概念並且付諸實行的人，試圖隱藏概念的自主力量。詩人奧登（Wystan Hugh Auden）看穿了這個試圖束縛概念的人本主義幻覺，因此說：「我們仰賴假裝明白的權力而活。」

上個世紀最有影響力的經濟學家凱因斯（John Keynes）說過：「……實務人士，通常是某個已故經濟學家的奴隸。」其中的含義是：概念需要自由；概念需要重生，否則不只會死亡，還會變成幻覺。其中一種虛幻的概念雖然早已死去，甚至出現死後僵硬了，實務人士還是堅守這個概念，那就是利潤，又稱為底線。所有會計報告和每天的證據都顯示清除成本、資源耗竭、訴訟、財產保護，也就是私部門利潤產生的所有社會性副作用，都成為公部門的負擔。企業沒有計算的成本都由公眾負擔，或者成為公眾的赤字。總得有人付錢，所以利潤越高，稅率也必然越高。稅收，就是從獻身給利潤這個已故經濟概念的奴隸身上所取得的供品之一。

如果我們的文明想繼續存在，就需要類似美國開國元勳在十八世紀末期提出的、令人讚嘆的眾多重大概念。概念若是想要誕生並活過脆弱的幼兒時期，就必須受到溫暖的歡迎，概念原生的力量才能完整到達我們心中。懷疑和諷刺不應該一開始就出現。一開始最好先提出滑稽又古怪的概念，不要為了迎合先入為主的觀念而削足適履。因為概念也可能摧毀我們珍視的思考習慣，所以我們需要勇氣，以面對概念毀滅性的力量。我們現在委婉地將摧毀舊概念稱為「典範轉移」，其實稱為「劇變理論」應該更恰當。與其說文化的生命力取決於希望和歷史，不如說是取決於其接受概念的神聖和原魔（daimonic）力量的意願與能力。

第一部分

拉動經濟的權力

前言

宛如家具一般置入我們心中的概念，大部分都是在一八三〇至一八九〇年代的維多利亞時代成形的。那些概念屬於工業主義與帝國主義的英雄時代，來自蒸汽引擎和往地平線無限延伸的火車鐵軌；來自打開開關就能照亮黑夜的便宜電力，與打開另一個開關就能獲得的便宜勞動力；來自建立已久的社會階級、競爭求勝、巨型壟斷組織；來自各式各樣的征服與攻克，包括克服疾病、地理障礙、原住民與靈魂的非理性。我們的心中仍然擺設著橡木做的大衣櫥，裡面掛滿歌頌硬派愛國鬥士、偉大發明家與工程師、將軍與殖民者、作曲家與小說家英雄事蹟的服裝與畫像，全部都是英雄的形象和成就。

太平洋西北地區的原住民會將祖靈雕刻成巨大的圖騰柱，作為部落的權力象徵。商業也有英雄的靈魂持續存在於商業的概念和祖先形象中，商業仰賴概念尋求靈感、模仿祖先的雄心壯志，因為這些巨擘可以扭轉局面、完成使命。他們改變世界的能力媲美傳說中的英雄，譬如為了清理牛棚而將整條河流轉向的海格力斯（Hercules）；例如抽乾吃人沼澤的馬杜克（Marduk）；例如解放同胞、淹死追兵的摩西（Moses）。他們是發號施令與掌控大局的領袖人物，不論他們面前有什麼阻礙，都可以迎刃而解或殺出重圍。

我們承繼的文化為我們定義了權力。公園裡的雕像、教科書裡的故事、音樂會中演奏的樂曲，都加深和強化了以個人意志克服困難的英雄成就。權力是說服力、強悍的拚搏、果斷的指揮、豐碩的成果、最大程度的務實。權力的形象是勝利者，甚至是屠殺者。

這些根深蒂固的家具不容易移動，尤其這些概念承襲了近代思想的基礎，也就是社會達爾文主義的部分思想。社會達爾文主義可以濃縮成一系列的命題。進步是自然的。自然的事物就是上帝賜予的。因此，進步是好的。推動進步的方法是天擇，優勝劣汰。底層的數量總是比頂層多，雜草總是比混種玫瑰多，所以階層是自然的。因為自然呈現越往上數值越小的金字塔型，因此必須「物競」才能「天擇」，讓適者生存。只有適者能從競爭激烈的拚搏中生存下來。爬上頂層、待在頂層才能確保生存。（幫助你「爬上頂層」的小家具包括：更大的市佔率、投資回報增加，以及垂直整合原物料和零售點。）

這些與進步、天擇、生存和力爭上游相關的公式，可以歸納成一個主要的概念：成長。這個小小的詞彙，承載了非常大量的訊息。因為「成長」會連結到自然的畫面，例如繁茂生長的樹木和逐漸成熟的水果，還有小孩子對長大變壯、自己作主的渴望，比起「進步」、「改善」或「發展」這些概念，「成長」一詞更能有效傳達英雄主義的訊息。因為有能力成長，代表一個人具備在競爭激烈的環境中生存和脫穎而出的固有潛力，所以成長成為了衡量權力的主要指標和取代權力的詞彙。「不成長就死亡」好似一座維多利亞時代的老爺鐘，一天二十四小時不斷催促和壓迫著我們的人生。

我們深入探究成長的概念時將會發現，成長和一個同樣重要的概念緊緊綁在一起，那就是效率。成長本身可能意味著徒勞又繁瑣的剝離作用、扼殺作物生長空間的雜草、複雜交纏的網路、漫無目標的擴張、隨處可見的冗贅。官僚體制其實就是移植到室內的自然生長過程，因為自然成長就是過度揮霍浪費，需要效率讓成長的過程維持功能健全，進而確保生存。適者生存，就是指有效率者生存。這樣的意義轉變很容易出現，因為社會達爾文主義及其生物學的隱喻，與工業主義及其機械式隱喻（例如效率），都是在維多利亞時代大放異彩。效率也同樣不會憑空發生，而是奠基於謹慎的測量、量化思考，並且以此做出決斷。我們現在稱這種能力為「成本會計」、「成本效益分析」、「成本效果」、「成效」、「利潤」。這些概念就像比較新的現代主義辦公設備，牢牢釘在商業心理的地板上，並且由稱為會計師的專業人士看守著。

不論成長和效率的概念是扎根於有機或是機械模型中，都展現出舊時代的英雄主義，勇往直前對抗惰性、懈怠、雜亂和混亂等敵人，拒絕躲進舒適慣性的懷抱，以及藉由完成工作成就事業。完成工作的能力或許是權力最簡單的定義，因此第一部分的主題是「不斷變化的權力英雄主義」。

不過這個部分有個耐人尋味之處，我們會介紹兩種英雄主義，並以舊和新來區分。我會再加入服務和維護平衡成長與效率的概念。從舊英雄主義的角度來看，服務和維護看起來像是最後一搏、善後行動、必要之惡。所以在面對眼前的難題時，我們需要重新思考服務和維護的概念，因為這兩個概念在所有商業計畫和人生的所有行動中，都扮演著重要角色。如果將服務和維護視為扯後腿的阻礙，我們就無法感受到這兩個概念在商業事務中變得多麼重要。服務和維護所挑戰的，正是舊英雄主義商業觀念的核心。

現在，英雄的挑戰必須對抗英雄主義本身。英雄主義被迫面對自己的神話，因而解放了想像力，尋找其他方式思考長久以來被英雄主義觀念否認的權力。現代的英雄主義不是聚焦於改變問題，而是要改變自己，為舊英雄主義發想新的概念，重新審視**現在**充滿開創性與創新的事物是什麼，**現在**想要功成名就面臨的敵人是什麼。假如你還困在相同的迷宮裡面，展開大膽的新道路對你就沒什麼用了。必須徹底拆解原本的模式。

也許英雄主義行為的敵人，已經不在原本的地方——原料的惰性、人力的懈怠、傳統的拖累。也許必須攻克的敵人，就在英雄主義的核心之中，對抗英雄模式時自身產生的惰性、懈怠和反抗。在英雄主義正視自身之前，仍然會不斷否認，即使加倍努力採取英雄行為，仍然無法看見自我毀滅的傾向。因為傳統的英雄主義是往前和往上行動，因此英雄意識最困難的挑戰就是往內看向自身的驅力，也就是推著自己邁向殘酷結局的神話：海格力斯徹底發瘋、耶穌被釘上十字架、伊底帕斯（Oedipus）雙眼全盲、阿加曼農（Agamemnon）被妻子謀害，摩西死亡，離開了上帝應許之地（Promised Land）。GM、IBM和Kmart這種巨型公司和包括美國在內的強權國家，因為投身於擴張和進步英雄主義而攀上顛峰，他們能夠警覺到曾經所向披靡的模式帶來的悲劇結果嗎？英雄主義能轉移自身的典範嗎？

若是要採行新的英雄主義，就得提升服務與維護的價值，以截然不同的方式思考成長與效率的概念。否則十九世紀思考模式的惰性，就會掌控操作二十一世紀電子設備的雙手。體制也許會有日新月異的變化，但是假使不轉變影響內心的神話，那麼海格力斯、馬杜克和摩西就會持續佔據管理階層。明智地行使權力，始於能洞察權力行為深處結構的心靈。現在來看看能深深影響我們權力觀念的第一種結構：效率。

效率的權力

權力一詞在字典上的第一條解釋是「有所作為或行為的能力；達成某件事情的能耐」，所以根據字典的解釋，權力就是「力量」、「能力」。強大的權力、最極端的權力可以用兩個明顯的特徵下定義：對環境絕對的征服和發揮到極致的效率。事實上，第一點是取決於第二點，因為權力需要靠效率來維持。假如你的行為模式效率不彰，你就不可能待在頂層。這是否表示，最純粹的效率能夠帶來最大的權力？

德國佔領波蘭後設立的特雷布林卡（Treblinka）滅絕營，還有滅絕營指揮官法蘭茲・施坦格爾（Franz Stangl），展現了最純粹的效率。特雷布林卡是當時專為屠殺猶太人而建立的前五大滅絕營，根據最保守的估計，在十七個月內，這幾座滅絕營至少屠殺了將近三百萬人。

滅絕營是為了「最終解決方案」（Final Solution）而專門設計的。早期採用的是納粹軍隊在蘇聯的作法，也就是直接在大坑洞中槍殺幾千人，再用推土機掩埋，但是這個作法很快就因為無法有效達成希姆萊（Heinrich Himmler）口中的「龐大任務」而被棄用。[1] 原先的作法在各個方面都十分沒效率：屍體腐爛時排放的氣體會曝光他們的所作所為；無法搜刮財物和金錢；需要太多士兵槍殺大坑洞裡的俘虜，不利於保密；太容易出現混亂，有些被害者會裝死、有些會逃走，有些士兵會偷偷不開槍等等。此處討論的效率是單純從掌權者，也就是執行者的觀點來看。另一種執行方式的效率是從被害者的角度來看：快速、無痛，既不殘忍，也堪稱尋常的作法。

以下節錄吉塔・瑟倫尼（Gitta Sereny）採訪法蘭茲・施坦格爾的七十次談話中的一段（第一百六十九至一百七十頁）：

「火車會載多少人過來？」我問施坦格爾。

1 吉塔・瑟倫尼，*Into That Darkness*（New York: Random House/Vintage, 1983），第九十八頁。（後續引用僅標明頁數。）

「通常是五千人左右，有時候更多。」

「你跟那些搭火車來的人說過話嗎？」

「說話？不……我通常都在辦公室裡工作到十一點，我有很多文書工作要處理。接著是巡視營區，從『病榻』[2]開始。到了那個時間點，他們的工作已經完成大半。」（他是指到了那個時候，當天早上抵達的五千到六千人就已經死了；「工作」指的是棄屍，他們接下來幾乎整天都在處理屍體，而且經常做到晚上。）

「噢，到了早上，下營區的所有工作就差不多完成了，通常兩到三小時就能處理完一列火車。我十二點吃午餐……接著是下一輪，辦公室還有更多文書作業要處理。」

我不是想透過精神分析法，分析施坦格爾這個人、他的動機和良知，或者他為了完成自己的「工作」而仰賴的社會、政治和信仰支持。我也不是想以哲學立場探討歐洲史、納粹大屠殺的神學、邪惡的本質，或者將系統化的例行公事和行程視為獨立的原型力量。我是為了將我們的注意力完全限縮在「效率」這個概念上。

此外，我想請各位將這幾段文字當作面對極為棘手的情境時，以管理思維應對的範例。就系統的角度來看，特雷布林卡滅絕營就是超大型的工業複合體，而施坦格爾就是肩負重責大任的執行長。他的失敗比失敗更糟，因為他的失敗意味著死亡。那個叫施坦格爾的人，就是籠罩在每個辦公室職員背後的陰影。

在一個早上毒死和焚燒五千個人，或者在二十四小時內「處理」五千到兩萬多人的這項「工作」（第一百九十七頁），需要最極致的效率：不能有多餘的動作、不能意見分歧、不能有繁雜的程序、不能有做不完而堆積如山的工作。施坦格爾說：「他們抵達後兩個小時內就會死。」（第一百九十九頁）

為了更深入瞭解滅絕營的運作多麼有效率，我們必須先想像，他們如何以效率控制住混亂和失序的場面。火車只會沿著一條鐵軌開進滅絕營。他們要清空火車上的人（已經死的人就丟進坑裡），再把火車轉軌，空出鐵軌等待下一列火

2 譯註：Totenlager，指用於處決的上營區

車。各個年齡的男人、女人和小孩踉踉蹌蹌地走出車廂，被日光或泛光燈照得睜不開眼睛，他們既恐懼又困惑，因為窒息、脫水、眩暈、虛弱和歇斯底里而少了半條命，完全聽不懂指令。如果他們該向右轉時卻向左轉、步履蹣跚、漏聽指令、踟躕不前或提出問題，就會延誤整個流程，因此他們經常會被鞭打著向前進，或者當場被槍殺。沒有任何事情能夠干擾整個流程的效率。

「你不能阻止一切嗎？」我問他。「以你的職權，你不能阻止他們被脫個精光、被鞭打，阻止圍欄裡那些恐怖的事嗎？」

「不不不，這就是系統。維爾特（Christian Wirth）發明的這套系統很有用，因為很有用，所以不能改變。」

但是死亡不代表「工作」結束。滅絕營必須妥善維護，焚化爐要時時維修、要補充燃料和毒氣、要管理工作人員、祕密不能洩漏，還有貴重物品要一一清點，衣服、黃金、成堆的頭髮，以及施坦格爾所說的文書工作。而這一切都「有用」。這是效率無庸置疑的規則。西方思想中首次明確地提到效率，不是出現在力學或經濟生產力理論的討論中，而是在亞里斯多德（Aristotle）的著作《物理學》和《形上學》中。亞里斯多德將「為什麼？」的答案分為「四因」：形式因（formal）是支配事件的概念或普遍原則；目的因（final）是事件想達成的目的；質料因（material）是指運用和改變的材料；動力因（efficient，也就是效率）則是產生運動和直接發起改變的源頭。

最經典的範例就是雕像。雕刻家（動力因）改變一塊大理石（質料因），在心中想著雕像的概念（形式因），目的是打造出一件美麗的物品（目的因）。四因都是必要的，沒有一個能夠排除。一本書（尤其是本書）的概念（形式因），與作為動力因的書寫、作為質料因的紙張、墨水、組合書本的膠水和封皮，還有交流概念的意圖（目的因）都同樣重要。

數百年來，隨著哲學家感興趣的議題不斷地改變，動力因的角色變得日益重要。道德主義者將倫理學與神學歸於目的因，質料因則屬於對物質和運動物理學的科學分析。對師從亞里斯多德的古典哲學家而言非常重要的形式因，縮減成沒有任何效力的隨意定義和描述。

到了十七世紀，約翰・洛克（John Locke）的人人自由觀念成為美國政治生活的基礎後，動力因就成了「為什麼？」這個問題唯一的解答。在洛克的《人類悟性論》（*Essay Concerning Human Understanding*）關於權力的章節中，權力的概念是衍伸自人類意志，可以開始、主導和停止行動。作為權力的動力因解釋了事情為何會發生，因為動力因支配了所有事件。自由就是不受拘束的權力、不受約束的意志。動力因與權力的概念合而為一，甚至成為一種實體，就像意志推動身體一樣，成為推動世界的基本力量。

動力因讓事情發生。動力因被獨立出來成為**唯**一的原因之後，不論發生什麼、影響到什麼事情或人、發生的目的為何，那些都不重要。就哲學層面來說，施坦格爾的重大失誤就是過度投入動力因，而完全忽略不看、不管另外三個原因。動力因與另外三個息息相關的夥伴分開後，就與人生的現實完全脫節。由於太過強烈地聚焦於有效率的流程，也就是動力因，所以他們運用的質料是人類、行動的本質是謀殺、最終目的是死亡，這些事實都屈居於次要，或者完全沒有被意識到。在當代心理學看來，**效率是主要的否認模式**。從施坦格爾的解釋就能看得十分明白，他一意孤行、專心致志地完成有效率的工作，讓他對自己實際在做的事情視而不見。效率讓他不再敏銳。工作本身自行合理化；為了有效率而有效率——而且不能停下來，「因為有用」。

理查．尼克森（Richard Nixon）當年否認自己與水門案深遠而複雜的牽連時，便是以效率作為正當化的理由。他對自己長期掩蓋（否認）行動的辯護，是強調自己管理政府、帶領國家邁向世界和平、公正、安全的工作才是重中之重；但是同一時間，掩蓋真相的作法卻一點一滴削弱了政府領導和治理的能力。另一個例子是尼克森下令密集轟炸北越，以有效率地結束越戰。根據效率做出的決定，似乎沒怎麼考慮到其他原因：暴力的核心本質、決定對於關係者的長遠影響和成本。

獨尊效率為最高原則，會產生兩個危險到令人難以想像的後果。首先是短視近利——不考慮未來；而且會讓人變得麻木不仁——看不見其他有效的人生價值。第二是把手段變成目標，也就是不論做什麼事情，那件事情本身就成為正當化的理由。商業界使用的其他口號，例如「做就對了」、「完成工作」、「別問問題」、「別找藉口、只看成果！」都明顯展現效率原則正在與另外三個原因分離，逐漸自成一格。

正在荼毒商業、政府和專業人士的倫理混亂，雖然可能來自各式各樣的管道，但是其中一部分是源自於將效率本身視為一種價值的壓力。接下來就發生耐人尋味的事了，亞里斯多德的其他原則被壓抑和排除後又東山再起，但是似乎只是為了破壞效率的概念。效率不彰成為對抗效率專制的人最喜歡的反抗模式：放慢腳步、照章行事、推卸責任、曠職、延後回覆、亂放文件、不回電話。反抗效率專制的倫理抗爭，都會採用這些效率不彰的模式。彷彿為了成為一個關注工作影響力的好公民，我們就必須成為一個「壞」員工。

我在此提出的主張，是效率的概念本身不會為人類行為提供充足的理由。效率，也就是動力因，必須隨時與另外三個原因緊緊相連，在各種理由的複雜張力中發揮作用。只因為必須完成工作，或工作帶來的安全感，不足以讓你喜歡工作、表現良好或做那分工作。施坦格爾在某種程度上具備了這些理由。除了這些為自己行為辯護的正當理由，也就是「為什麼？」（你為什麼要做那件事？）這個問題的答案，我們必須將注意力放在基本的原因上。你的效率會產生什麼重大影響？你對世界的物質本質做了什麼？你在做的事情本質是什麼？是受到什麼形式原則主導？還有，最重要的是目的是什麼，或者引用亞里斯多德的話來說，你採取有效行動究竟是為了達成什麼？

吉塔・瑟倫尼逼著施坦格爾說出目的因（在特雷布林卡滅絕營的「工作」究竟是為了達成什麼）。在他們的多次訪談中，他提到恐懼、生存和反抗的無用。她最後問他（第兩百三十二頁）：

「你當時覺得滅絕猶太人的理由是什麼？」他不假思索地回答：「他們想要猶太人的錢。」

「你不是當真的吧？」

他對我的不敢置信感到十分困惑。「當然是這樣。你知道我們搜刮到多麼可觀的財富嗎？我們跟瑞典買鐵礦的錢就是這麼來的。」

施坦格爾的目的因，他如此有效率地監督的滅絕工作，最具體的目的就是為了得到「猶太人的錢」。不是因為種族歧視和為了滅絕不受歡迎的人。不是因為國家主義和德國人民的福祉。不是因為仇恨、恐懼、報復。不是對領袖或使命表達忠心，或者為了更美好的未來。施坦格爾的目的因沒有任何理想和熱忱，除了利潤之外沒有其他目的。

除了利潤之外沒有其他目的——尼采在一八八一年的著作《曙光》中，就已經預見這種利潤、權力、極端效率和犯罪的綜合：

這過多的沒耐性究竟從何處而來，將人們變成罪犯？……我們上流社會有四分之三的人沉溺於合法的詐欺，進行證券交易後因為受到良心譴責而痛苦不已：這一切究竟是如何產生？那不是真正的欲望……而是日以繼夜被糟糕的沒耐性驅使……也被同樣糟糕的對金錢的渴望與熱愛驅使著。然而在這樣的沒耐性與熱愛之中，我們看見對權力的渴求再次出現，先前出現這種渴望是因為我們相信自己掌握真理，這種狂熱包裹著美麗的外衣，讓我們敢於做出慘絕人寰的事情卻不覺得有愧良心（焚燒猶太人、異教徒和良書，徹底消滅比我們優秀的文化，例如祕魯和墨西哥的古文明）。這種渴求權力的手段如今已經改變了，但是同樣一座火山仍然蠢蠢欲動，沒耐性與極端的愛呼喚著他們的俘虜，而曾經「出於對上帝的愛」而做的事情，現在是「出於對金錢的愛」而做，也就是熱愛著現在能讓我們感覺擁有最高權力和良心的東西。

現今獨尊利潤的觀念稱為「利潤思維」，向經濟這個神鞠躬敬禮。目的因成為利潤，為人們犧牲質料因與形式因、純粹獨尊動力因（這或許就是法西斯主義的另一種稱呼？）提供了哲學基礎。不論是原料或勞動力，質料都是可以利用和剝削的，而美學與倫理學方面的形式考量，可能在生產行為和商品製造和銷售的過程中都被忽略。以利潤為考量的效率凌駕一切。

任何以利潤作為決策正當理由的人，都應該從特雷布林卡滅絕營的例子學到教訓。我們需要誠實反思成本效益的概念。如果要以物理學觀念類比成本效益，就是「輸出等於輸入減去摩擦力」，那麼最有效率，或者說利潤最可觀的系統，就會消滅最大的摩擦力；經過「管道」快速進入毒氣室。施坦格爾也同樣得花最少的力氣得到最大的效益。因為每一次交易都是建立一種關係，所以付出最少卻得到最多是不公正、不道德、反社會、欺負人，也許可以說是「邪惡」的。但是掠奪型商業（比較委婉的說法是「自由市場」）經常以「付出最少、得到最多」的原則來運作。掠奪型商業與特雷布林卡滅絕營的差別只在於程度，而非原則。

現在有些商業致力於「雙重底線」，也就是利潤與社會責任**並重**。這些公司嘗試將營利動機與其他動機綁在一起。他們會以對自然的關注（質料因）、審美價值（形式因）和精神原則（目的因）來控制效率。他們會追求效率（利潤），但是不會犧牲員工和商業活動所在之社群的福祉，以及對廣大世界的影響。雙重底線可以避免效率成為自主且獨立的原因，因為這個概念明白一間公司不是自主且獨立存在於其財產中的權力主體。

當我們要求政府「更有效率」時，應該銘記特雷布林卡滅絕營的例子。要求郵局、載客火車、跨州公路、監獄系統或國家公園產生利潤，就是忘了政府在《憲法》的定義中基本上就是服務業。我們只能評判政府在服務方面的效率——

人民賦予政府權力，而政府是否滿足人民的需要。如果一個政務官候選人以有效率的政府為宣傳口號，就表示他沉浸於法西斯主義的理想之中。墨索里尼（Benito Mussolini）讓每一班火車都準時——但是付出的代價是什麼？

滅絕營一直存在於我們西方世界的意識中，不只是為了提醒我們人類的殘暴程度、系統化技術的病態潛力、種族歧視的惡意、邪惡的存在，或者猶太教與基督宗教上帝的死亡。滅絕營存在於我們的意識中，是因為西方人仍然在潛意識中推崇效率，證明了現實中的神「經濟」存在的陰暗面，這個神持續以要求更有效率的手段鞭策西方文明前進。

成長的權力

若說效率看起來像是通往權力的道路和把持權力的方法，那麼成長看來就是權力的證明。心理治療領域所說的「內在成長」使人們心理成熟，換句話說就是「掌控」、主導自己的人生、擁有權力。

但是「成長」一詞其實至少涵蓋了六個迥然不同的觀念，我們可以條列成以下的清單來探討。

1. 尺寸增加（擴展或變大）
2. 形式和功能演進（產生區別或變聰明）
3. 進步（改善或變得更好）
4. 串聯各個部分（合成、整合，或串聯更龐大的網路）
5. 依序進入下個階段（心智成熟或變得老成、睿智）
6. 自行產出（自發性或變得有創意、獨立）

雖然我們都知道變大不總是代表變好，變成熟也意味著衰老和死亡，還有獨立會讓人孤獨，但是這些成長的概念仍然都帶著對更美好的期許。

成長仍然承載著許多正面意義，例如豐饒、希望、健康、進步、樂觀、堅強、刀槍不入、征服，甚至是生命本身的「不成長就死亡」。儘管近幾年有一股反向思潮不斷攻擊成長的概念，這些正面涵義卻依然屹立不搖。成長一詞的六大意義失去了一些控制力。曾經在心理學界和華爾街都不容質疑的信仰，現在已經分崩離析。我們可以用解剖刀將成長一詞切開，就如同政府和工業在每個階層都用修枝剪修剪成長。成長逐漸成為越來越微妙的概念，不再只是小孩子的天真想法，認為變大、變聰明、變得更好等等就是不容置疑的向上或向前進。時至今日，「多」已經不再等同於成長，因為「多」實際上可能限制了成長固有的可能性。

我認為或許是源自於心理學帶來的成熟度，人們對美國信仰體系中的一個基本隱喻——也就是透過擴張不停進步的觀念——失去信仰。我們都知道個人的「成長」，並不會遵循我們小時候想像的道路：四歲開始持續進步，然後快要五歲、六歲，一直持續下去到雙位數的年齡，成為青少年……我們內心都很清楚，心靈會在挫折、離婚、憂鬱中成長，每次為了求得更好而改變都會伴隨著損失。

現今開倒車的情況，不能全部歸咎於心理的成熟度。全國人民對數量的渴望，都被對品質的渴望取代了。我們只要看到增加，就能感受到重量。往上竄升的數字不再展現正面樂觀的精神，而是代表著怪物、疾病、醜陋、未來的災難和滅絕。成長沾染上了危險的色彩。成長一詞現在會傳達出潛在的危險，例如債務、人口、失業人數、遊民、城市規模、政府規模、空氣汙染粒子、稅率、生活成本、膽固醇指數的成長，甚至包括體重計上的數字。現在「往上」反而代表「下滑」。曾經用來衡量進步的指標，都成為問題的徵兆。

這一點在「發展」概念遭受的挫折中最為明顯——「發展」是都市經營學和心理學最喜歡的詞彙。心理學在這方面落後了一點，他們仍然在教導和推廣發展。

發展心理學的基本概念，出自維多利亞時代的社會達爾文主義和其對成長的觀念：變大、變壯、勝出。進步是自然的過程。不要落後別人，要像個英雄一樣面對自己的問題、解決問題。這些概念傳授的是心理學上的資本主義：如何克服劣勢，以及將障礙融入不斷成長的自尊，讓心態準備萬全。發展成熟的人格可以隨心所欲，他們主宰自己的命運。

心理學對於「發展」這一概念的價值轉變的警覺心，並沒有比房東和房仲來得高。現在只要有傳聞表示地產開發商要進駐，居民就會如臨大敵，開始集結抗議。曾經帶來進步的地產開發商成為了毀滅者，而地方「發展」成了砍樹、推土機、鋪路和速食的代名詞。我們開始不確定，到底是哪一個詞承載更多與生態相關的負面聯想：是未開發或是過度開發。也許兩者皆非，而是那個認為「成長就是好」的幼稚觀點。

從羅馬俱樂部（Club of Rome）、修馬克（Ernst Friedrich Schumacher）到人口零成長運動和深層生態學家（deep ecologist），對於成長的批評主要都集中在毫無限制的成長帶來的後果，例如人口問題、社會瓦解、自然資源和糧食供給衰竭，以及棲息地和文化毀滅。這些批評基本上都提升了這個觀念，告誡了成長觀念的提倡者。

此外，還有其他原因讓我們漸漸不再認為成長是為國治病的良方。我們的心已經轉向，頭腦也跟著轉向。越戰揮之不去的餘波、高官的自卑與腐敗、飢民的面孔和行將就木的身軀，在在轉移了我們的焦點。大獲全勝的征服和好大喜功的擴張主義，不再承載著國族的榮耀。智慧型炸彈無法彌補知識不足的下一代。我們開始全面地以不同的方式思考我們的損失，商業辦公室裡的心態就不會再像從前一樣，與在治療師辦公室裡的情緒分離。靜坐、反思、回想、悲痛和屈服，現在正高舉大旗邁步向前，因為「前進」已經不再是原本的意思。時至今日，「進行」的意義變成往下走進我們文化的錯誤中，以及往回退進回憶的悲痛中。我們現在需要的是下沉的英雄，不是否認的大師，而是可以承受悲傷、愛著衰老的過程、展示靈魂時不帶諷刺或羞愧的成熟導師。導師，不是啦啦隊；導師，不是倡導者或毫不反思地接受中產階級典範者（Babbitts）。高處不勝寒的悲哀（林肯（Abraham Lincoln）就是一例），好過在各地肆虐的群眾抑鬱與經濟蕭條。古代的傳奇英雄——尤利西斯（Ulysses）、伊尼亞斯（Aeneas）、賽姬（Psyche）、波瑟芬妮（Persephone）、奧菲斯（Orpheus）、戴奧尼修斯（Dionysos），甚至是海格力斯，都曾經到地獄走了一遭，學習到不同於主宰世間日常生活的價值觀。他們從地獄回來時，都擁有了能看清黑暗時代的深邃目光。[3]

越戰紀念碑是黑色的，放在以白色牆面為主的首都裡。紀念碑向下延伸，不同於高聳入雲的華盛頓紀念碑，以及箭頭永遠往上衝的成長圖表。現在造訪國家政治神壇的遊客，通常都會先去看那面回憶的黑鏡，再爬上樓梯，仰望白色阿波羅（Apollo）式神殿中那些過度巨大的總統肖像。我們能否修正成長的概念，將其進步內涵納入更成熟的成長概念？「我當孩子的時候，話語像孩子，心思像孩子，意念像孩子，既成了人，就把孩子的事丟棄了。」（哥林多前書（I Corinthians）第十三章第十一節）

接下來，我要提出成長的第二組含義，都跟我們心理狀態和歷史情勢的變化有關：

---

3 關於幽冥世界的心理學經驗，請容我推薦自己的兩本著作：《夢與幽冥世界》（*The Dream and the Underworld*, New York: HarperCollins, 1979）與《自殺與靈魂》（*Suicide and the Soul*, Dallas: Spring Publications, 1976）。最值得一看的相關資料是羅伯特．布萊（Robert Bly）在《鐵約翰》（*Iron John*, Menlo Park, 1990）一書中的〈灰燼、貶抑與憂傷之路〉一章，以及麥可．米德（Michael Meade）著作 *Men and the Water of Life*（New York: HarperCollins, 1993）中「The Water of Life」一章。

1. 深掘（Deepening）
2. 密集（Intensification）
3. 捨棄（Shedding）
4. 重複（Repetition）
5. 清空（Emptying）

1. **深掘**：向下不單純是代表下滑，因為有機模式中，如果不同時往下生長，就無法往上生長，例如大部分的植物。向下延伸跟縮小規模並不相同，因為向下延伸指的是深度，深掘感受與相關的洞察力。三十年來的心理勵志、婚姻諮商與心理復原產生深遠的影響，促使整個國家往下深掘。組織的深掘可以借鏡這些私人領域的道理，但是不必亦步亦趨。

深掘始於繼續面對正在發生的事，繼續留在泥淖之中。繼續擁有權力。可以理解成留在組織或工作中。職涯發展不是非得要調職、搬家到其他地方以拓展視野、增長經驗（或者離開現在身處的泥淖）。在天真的成長模型中，「增長」總是佔有一席之地。而深掘是一種堅持：不躲避和不逃跑。待在原地。不請假。

收拾殘局。自然派詩人與哲學家蓋瑞．史耐德（Gary Snyder）主張，改變情勢最好的方法（也許是唯一的方法）就是想像，甚至是宣布你這一輩子都會待在你所在的地方、你的位置，絕對不會離開。

深掘會迫使一個組織，例如結婚的夫妻，深入自身、探向麻煩的底部。走向底部不代表就此停在底線，而是走進那些支撐組織（例如婚姻）的神話與哲學思考。達到這個目標要犧牲什麼？誰要付出代價？哪些部分能夠貪圖便宜？會做出什麼欺騙行為？組織會滿足嗎？還是必須為了稱為「成功」的持續成長而處在壓力之下？

我們最終會深入基本原則和道德基礎，這些原則和基礎就像婚姻一樣，讓我們在組織中得以形成夥伴關係。這個組織是否有能讓我共鳴的基本遠見？是否渴望相同的目標？我們奉行相似的原則嗎？組織真正的原則是什麼？我的原則又是什麼？我們是為了金錢結婚嗎？我們的夥伴關係是不是實用的關係，也就是我們對彼此是否有用處，我利用商業的時候，商業是否也利用我？我越專注於這些議題，組織越能夠處在自我質疑的深度思考中，我和組織就越能夠實際成長（此處成長指的是演進和成熟）。這種成長可以稱為靈魂的成長。[4]正如同園藝或婚姻一般，深掘可以將醜惡扭曲的東西挖出土壤，這是個會弄得滿手泥土的過程。

2. **密集**：密集在經濟領域主要是指需要大量人力完成的生產，例如農民在小片田地和梯田上耕作的集約農業，而不是得依靠收割機在幾萬英畝田地上收割的粗放農業。我想引進的不是勞力經濟學，而是詩學的密集概念。

詩人的德文是「Dichters」，詩則是「Gedicht」、「Dichtung」。「Dicht」的意思是厚、稠密，所以「verdichten」的意思是變厚、濃縮。詩學語言將許多的意義和典故濃縮進一個字或一個詞的小空間裡，因此變得密集。詩就是將一切縮小，像是電腦晶片或光纖電纜，可以同時承載大量的訊息。隱喻也是如此。

不過，如果我們不擺脫兒時的心態，我們就會比較喜好擴張。我們是喜愛富麗堂皇的國家，喜歡最巨大的洞穴、最寬廣的峽谷、最高聳的建築。美國人的其中一個特色，就是對「龐大」充滿不切實際的偏愛。密集與這個國家格格不入。我們可以與日本人的精神比較，所有人和日本人自己都說他們喜歡發明小巧的東西。他們只會把東西越做越小，例如扇子雖然是中國人發明的，卻是日本人做成可以摺疊的摺扇。

企業密集化的方式是從員工的每一個小時、每一小段廣告、每一呎的行銷空間、投資資本的每一分錢中，壓榨出更多報酬。他們的目標是將更多的價值壓縮進一個單位中。從一個角度來說這是經濟，從另一個角度來說是詩學。

受到精簡而有成效（lean-and-mean）的思維啟發，而開始縮減、削減成本和增加工作量，與藝術領域的密集意義並不同。如果是藝術，就必須以另一個類型的指標衡量密集程度——也就是品質，而非效率。他們追求的是長久存在的價值，而不是眼前的利潤。如果分析藝術工作勞力的成本效益，結果可能會是全部損失，或者是附加價值高得令人驚豔的產品（藝術家手中的粗麻布、瓶蓋、廢棄電纜和黑色壓克力顏料，在曼哈頓一間藝廊的推波助瀾下變得炙手可熱）。藝術的價值之所以如此密集，不是因為使用簡單的材料或匆促縮短創作時間。

儘管商業和藝術都會以密集達到目的，兩者的思維卻是截然不同。商業為

4 在日常生活中建立靈魂的方式，請見湯瑪斯．摩爾的兩本著作《傾聽靈魂的聲音》（*Care of the Soul*，又譯《隨心所欲》）與《心靈風情畫》（*Soul Mates*）。

了效率而削減預算，藝術卻會以相似的過程增加複雜度、意義與美。商業是否能繼續使用密集的方法，但是改變商業要達成的目標？商業能否採取緊縮和密集的作法以提升表現之美、為員工和顧客提供更多有意思的複雜度、為商業所服務的世界貢獻更多意義？相較於單純的擴張，這個美學觀點為成長的概念帶來更巧妙的意義，而且將企業財務長衡量的價值之外的其他價值也納入其中。

藝術的密集概念中，最重要的就是藝術家的投入、熱情、熱忱、狂喜和汗水。不遺餘力地投入你做的事情——在那些說你是工作狂或太看重工作的人眼中，尤其是在特別看重「家庭價值」的人眼中，你那種如著迷一般的強烈專注。不過，密集程度最明顯的非愛莫屬——你帶給藝術的愛，以及對完成的工作的愛。除了愛之外，也沒有其他東西能讓事物更精簡，因為整個精神都投注在渴求的東西上。是精簡，而不是成效。

3. **捨棄**：傳統上捨棄的隱喻來自大自然的循環，而且感受是自在的：秋日落葉、蛇類蛻皮、甲殼類動物為了長得更大而拋下原本的硬殼，以及人們在新年時拋棄的舊習。其他的捨棄就沒那麼自在了，而是會傷人的：解雇通知單、關閉單位或部門、將整個組裝工廠搬遷到國外。兩種捨棄的情況，一個是自然的必要過程，另一個是以經濟上的必要過程作為正當理由，而兩種都只捨棄外在活動。公司可以裁掉一千個員工，政府可以解散專案單位，但是基本上不會影響到整體根本上的生存能力。事實上，蛻皮後的蛇反而變得更好。

因此我想提出的是**根本上**的捨棄，不只是減少額外服務和補貼，不只是為了更新而捨棄不必要的東西。去除脂肪很容易，尤其是豬肉的脂肪。我是指斬草除根的捨棄。我再次借用深度心理學的模型，而不是取自大自然周而復始的新生循環，也不是取自總是享受勒緊褲帶，抱持道德清洗狂熱心態對商業、政府、研究和學術單位發動獵巫行動的清教徒禁慾主義。我不是想藉著將捨棄的概念與效率、生產率或未來成長的希望綁在一起，以此彌補捨棄的痛苦與損失。

斬草除根的捨棄會發生在步步進逼靈魂，而且無法輕易解決的危機之中。通常都是無聲無息地突然出現，尤其是在一個人步入中年時。這種捨棄的出現可能會有個特定且緊迫的原因，例如破產、離婚、生病，或者是沒有任何明顯的原因。一個人井然有序的生活核心，突然之間遭逢橫禍或一夕消失，就像是天然災害。

我們能夠以類似的方式，思考組織中必要之物的捨棄嗎？企業組織能夠像人生一樣，熬過類似的安全感粉碎、重新評估目的、自尊心下滑的過程嗎？組織的身分、主導日常活動的原則、會計程序的問責制度，亦即組織用以審視自身的價值，能夠受到質疑嗎？組織能夠無情地檢視前進的方向，以及與員工、公眾和環境的關係嗎？組織能捨棄它視為特質的一切嗎？當然不是說真的捨棄，即使是最糟糕的情況，例如一個人遭遇最嚴重的困擾，也不代表他非得真的跳下大橋自盡。不過，他確實需要捨棄那些毫無疑問依附在他身上的身分。

可以把捨棄想成是砍光一整片樹林，而不只是清除林下灌木叢，或者想成森林大火。災難模型不是為了追求更好、一些未來的成長，儘管我們都喜歡設想正面的結果來緩和受到的衝擊。我此處提到的危機，並非商業界熟悉的那些：遷址、不相容的合併、官司、集體出走、盜版、侵犯版權、創業起步延遲、股東抗議、成本超支、詐欺、挪用公款等等。我想描述的是組織遭受的靈魂危機，那些因為沒有可定義的原因，所以無法迅速果斷處理的危機。這種必要的捨棄，似乎是失序和衰敗的自主自然程序，對企業體靈魂的影響正如對人體的影響。迫使捨棄發生的危機，也會催生哲學思維上的修正，這就像是危機要求組織區別必須掌握和必需放手的事物，精簡到只剩下組織最基本的存在理由。有時候管理層會試著以一些方式阻止這種崩潰，例如團體靜修、心理諮商，或者召開公開會議重新制定組織使命。他們這些方法可能沒用，因為時機不對——如果與靈魂的季節不同調，先發制人就會變成時機過早、胎死腹中。

捨棄如此困難的原因是恐懼。組織跟人一樣，會累積系統、裝備、程序、部門，這些冗贅的事物都能保護組織，讓他們不必害怕自己踏上錯誤的方向，甚至遇到更糟的情況，也就是失敗。所以從治療的角度來看，捨棄更像是面對恐懼。這是利用想像完成的任務。一個病人擔心丈夫會離開她；另一個病人擔心自己陽萎；第三個病人怕自己發瘋；另一個認定自己得了癌症。治療的方式就是對這些恐懼說：「繼續吧。」失去丈夫、陽萎、發瘋或得癌症會是什麼樣子？追隨病態的恐懼、荒謬的幻想。冒著想像中的風險；或者誠如研究納粹大屠殺和大災難的知名心理學家羅伯特．傑伊．利夫頓（Robert Jay Lifton）所言，我們的任務是想像真實，或者盡可能想像捨棄最真實的後果，思考災難發生的情況，再捨棄所有安全架構、令人感到自在的身分、達到的成就和未來的規畫，最後看看還剩下什麼，剩下的才是我們真正賴以成長的事物。

4. **重複**長久以來都是工業大量生產的惡夢，可能會把人類都變成機械，就像是卓別林（Charlie Chaplin）《摩登時代》（*Modern Times*）的電影情節一樣。但是儘管工廠的機器人和辦公室的電子資料處理程序日新月異，還是得仰仗生產線上不斷重複的工作，從而生產出美國人消費的產品。只要想想中國和東亞其他國家的組裝工廠，或者供應我們每日糧食的雞肉加工廠工人和農場移工，你就瞭解了。

成長具備正面的徵兆，因為成長代表活力與生命力，像是一棵樹；而重複卻與負面畫上等號，因為重複是靜止又毫無生氣的，就像機械一樣。佛洛伊德也把重複歸類於死亡，他把對重複的強迫和慾望，視為死亡本能最主要的行為。我們對重複的理解深受恐怖的幻想所困，所以我們就像電影演的那樣，將甲蟲、螞蟻和蟑螂的一生視為機械，認為牠們最令人恐懼的特質就是不斷重複的動作。

（如果想看看對機械更細微的分析，就從最初的機械開始認識——也就是不靠真正的機械造出金字塔的埃及社會、政治和宗教體制，請見留易斯・蒙福德（Lewis Mumford）的傑作《機械神話》（*The Myth of the Machine*）。）

現在，我們從另一個攻擊性沒那麼強的角度看看重複這回事。重複不只是機械的基本概念，也是儀式和藝術的基本方法。對重複的強迫和慾望不是邁向死亡的道路，而是邁向藝術的本能，展現出靈魂對練習、雕琢和精準感到的喜悅。

人類與生俱來的某種本質，會要求我們以一模一樣的方式一遍遍地重複行為，例如迎接太陽的儀式，或者夜復一夜以同樣的語調、同樣的床邊故事哄孩子入睡。重複就是你練習高爾夫球的揮桿姿勢，或者捕手練習將球丟向二壘，一遍又一遍。唯有當我們練習和表演都同樣成為享受時，才會成為藝術家。在那之前，我們在乎的只是鎂光燈，而不是藝術本身。畫家不是因為開了畫廊才成為畫家（雖然開畫廊能夠成就畫家的職涯），而是靠著他們在工作室裡一遍又一遍重複的動作，不是為了畫出最正確的樣子或是為了完美無瑕，而是單純為了畫而畫，從**不得不做**之中解放出來。這個動作是自己在進行的，機械化、不斷重複、無關個人。

如此客觀無私的重複——也就是「禪」這種神祕主義默觀與宗教儀式的最高境界，同時也是藝術和運動練習的最高目標——能夠轉移到管理、行銷、生產和會計領域嗎？在我們至少將重複的概念視為工藝的本質之前，我們無法想像這種概念轉移會影響多少活動。為何不試著將所有毫無利潤的重複行為，例如業務電話、數據運算和文書表格，都想成商業這一門工藝的必要之事，不是有損尊嚴的例行公事，而是顧及精確度的模式與使命感的象徵。這樣一來，重複就不再是一種強迫的慾望、奴隸般泯滅人性的負擔，而是讓事情變得美好的方式。這能不能幫助你們理解，日本人如機械般不斷重複的工作風格、他們的儀式感與美感，還有產品品質之間環環相扣的關聯呢？

5. **清空**：我接下來要把你們的注意力轉移到截然不同，甚至看似與成長相反的成長概念。我先從歌德（Johann Wolfgang von Goethe）開始，再對照相似的佛教思想。歌德對植物葉子生長的觀察證實了他的直覺，那就是植物整體的形狀，某種程度上是受到葉子舒展開來時周圍的負空間所影響。這樣說吧，葉子不只是會盡可能延展出去並生長成圓形，以佔據最大的空間吸收陽光。如果是這樣，那麼所有的葉子都應該長成圓形。然而，事實並非如此。葉子會長成橡樹葉和楓樹葉之類特定的形狀，或者樺木葉的鋸齒狀，是因為周圍的虛無中有某種東西主導了葉子的生長，長成那個樹種特定的形狀。這不全然藏在基因密碼中，或者應該這麼說，基因密碼是為了回應虛空而解密。

不論植物學界是否接受歌德對植物的想法，都讓我們把注意力放到不存在的事物上。甚至可以想得更遠：不存在的事物，形塑了每種植物特定的本質。這個想法主張空白之中有股看不見的力量，對出現的事物扮演決定性的角色。圖案是從無到有浮現和成長出來的，正如陶工的罐子是圍繞著空洞成型。每一個容器，不論是盆子、瓶子、罐子或杯子，都只是一層外殼，裡面包裹著特定形狀的空洞。真正的權力與力量在於空洞之中。自然厭惡真空，可能只是現代西方思想對自然的看法。以不同派別的佛教思想為例，他們認為世間萬物的種子來自虛空，所以對虛空的關注讓種子得以發芽浮現。不存在的事物優先於存在的事物，或者更好的說法是，那是存在的第一種形式。

義大利思想家吉洛・多弗雷斯（Gillo Dorfles），曾就音樂方面提出過類似的想法。音符之間的停頓，讓作曲家得以創造節奏和旋律。音樂，就是位置特定的空白與時機恰好的寧靜產出的成果。多弗雷斯將間隔的概念套用到許多行為上，例如工廠的工作和思考過程本身，就是空白的時刻塑造出即將產出的事物。成長的焦點在於尚未出現、缺少、空白的事物，一天之中沒有安排事情的時段，例如行事曆上的空白頁，還有現下會被我們視為「浪費」而極力排除的生產線上的空白時刻。事實上，仿照音樂術語稱之為「休止符」是再恰當不過了。那是開始也是停頓，不是休息，是空白。

我們可以將這種空白的概念套用到人類和系統的老化上，這樣一來就能將伴隨老化而來的衰弱和萎縮視為「價值增加」，而不只是損失。容易忘東忘西和分神、含糊摸索動作技能、感官回應能力衰退和語言貧乏，不僅只是年輕人看到的那麼一回事。也許實際上是創造出空間，是不同樂曲之間的休止符，是為了不尋常而在尋常中出現虛空。

同樣道理也能套用在事業老化、分布各地的聯合企業「縮小規模」、拋售部門、日薄西山又筋疲力盡的計畫、撤回野心勃勃的希望前哨站、儲備退休基金——諸如此類商業新聞報導的事件，當然都是對老年男性與女性的隱喻。除此之外，還可以把這些事件想成全面突破習慣的思維框架，進入全新且從未嘗試過的空間。實驗開始進行。將這些過程視為縮減與腐壞的過程，就是忘了在世界上流傳最久的概念之一，也就是世界本身如何「成長」為存在的「*creatio ex nihilo*」，從無到有的產物。首先出現的是「無」。

如我所說，這個觀點與一些東方哲學思想不謀而合，讓我們再次意識到概念為原型力量服務：我在第一個清單列出的是西方思想對成長的概念，適合小孩；而歌德、多弗雷斯和佛教的思想適合年長的人。重申一次，我的重點很簡單：如果不從原型視角出發，我們就無法檢視所有事情。在「東方智慧」眼中的成長，在發育中孩童的原型視角中看來是一種因病衰退。兒童的樂觀自然主義眼中的健康拓展網路和改進設施，在八旬老人看來是愚蠢的注意力分散，瓦解成東方哲學所謂的「萬物」，是如癌細胞轉移一般的擴散。

我所說的「發育中孩童的原型視角」扎根於英雄成長的根基；摩西、耶穌、海格力斯、柏修斯、大衛、伊底帕斯等英雄起初都是飽受威脅、脆弱或被遺棄的嬰兒或孩童。「更大等於更好」的想法能夠作為冠冕堂皇的辯護，用來抵抗，甚至是克服英雄力量核心與生俱來的不安全感。

假使我們的國家對於成長的概念，仍然抱持著孩童的原型觀點，因而無法看見更複雜的成長類型，那麼心理學界對「內在小孩」和個人童年痛苦經驗的強調，就是支持這種原型形塑國家對成長的天真概念。如果要讓經濟得以持續成長並推動國家邁入新的世紀，不只需要讓這個觀點邁向終點，還要有**歡迎終點的立場**。我想談談《奧德賽》（*Odyssey*）中的尤利西斯，他想要回到家鄉，結束二十年四處飄蕩的人生，荷馬（Homer）這部史詩就是在專心描寫終點。我也想到莎士比亞（William Shakespeare）劇作《暴風雨》（*Tempest*）中的普洛斯彼羅（Prospero），他最終放棄自己的魔法、讓僕人重獲自由、將魔法書沉入水中，迎接自己的終點。

孩童的意識中不存在終點；孩童會往前看。這一連串結束的開始是終結美國人本身的孩子氣（這**不表示**要套用實事求是、冷酷無情、沒有想像力的「現實」）。為了進入新的世紀，我們應該經歷（其實我們正在經歷）結束這個世紀的儀式、紀念損失、哀悼和悔恨，因為我們心懷幼稚的成長概念太久了，這種成長確實「讓這個國家偉大」，但是不只是偉大。比起取決於我們在這個結束的時刻為了成長而展開的計畫，這個時刻將會如何幫助我們重新思考成長本身的概念，更能決定現在與未來的成長。

因此本章節選擇保有成長的概念，而非全盤否定。不過，我們還是試著將「成長」與孩子氣的天真和過於簡單的樂觀主義區別開來，因為這些概念讓主要的批評者貶低了成長的價值，轉而支持限制、小量和不成長、零和模式。我認為這些批評與成長概念本身纏鬥得還不夠，因此他們的輕視無法滿足「成長」這個詞所代表的人類最深沉的希望。拋棄成長概念只會壓抑這個原型慾望，讓成長依舊包裝在過分簡單的幼稚概念中。

我一直在嘗試不同的方法。我不是用成長交換不成長，而是增加本章節一開始所列的概念清單。我將成長的概念帶入更深刻的密集、重複、深掘、捨棄和空白領域，填補這些概念的陰影。當成長加入了這些深層意義而不再天真之後，就不會再與美國的人口學、社會學和心理學條件對立。這樣一來，就能將我們遭遇的，甚至可說是悲劇的個人、企業和國家兩難危機，視為失去令人上癮的樂觀主義和靈魂成長的必經過程。我們便能鼓勵成長的概念變得成熟，變成更完善和擁有微妙差異的概念，在有所壓抑限制的情況下仍然能作為靈感來源。

服務的權力

我之所以提出改變對效率和成長的觀點，是為了放棄作為戰鬥、征服、勝利和獎賞的商業舊英雄主義，以及他們的陰影、被動、囚禁、挫敗和損失。我想要適應新世紀即將到來的現實，屆時我們將擁有另一種勇氣和另一種類型的企業：以另一種模型鑄造而成的英雄主義。如果想要大膽無為、邁向未知的新世紀、拯救面臨危險的城市，可能意味著要冒著放棄舊英雄主義的風險，例如獨自前進、讓其他人聽從自己、不提供意見和揮舞殘酷無情的斧頭。假如美國的國民生產毛額（Gross National Product，GNP）從強調生產的英雄主義，轉變成據說提供了所有新工作機會的服務業經濟體，我們接下來就得認真重新評估服務的概念。但是服務的概念本身，就阻礙了服務進步的過程。

服務，違反了人類尊嚴最深的階層。我們都想要受到服務，但是誰想提供服務呢？這裡的服務指的仍然是卑微的服務工作（不是金融、掮客、電話客服、教學、安裝、診斷或寫作等工作）。第一個問題出自於「service」一詞本身，其他相近詞彙「serf」（農奴）、「servile」（奴性）、「servant」（僕人）、「servitude」（奴役）、「servility」（卑躬屈膝），都源自同一個拉丁詞彙「servus」，也就是奴隸。在我們文化的定義中，服務幾乎無法賦權，或者說是只賦權給能夠要求服務的人，以及我們服務的體制。服務部門若不提供良好的服務，將永遠無法兌現對國家繼續前進的政治承諾。但什麼才是良好的服務呢？如果服務的概念總是讓人想起奴隸經濟，我們該如何看待服務經濟？

從我們先前有關效率的討論來看，我們不能只仰賴提升效率，也就是講求快速、無礙和不犯錯來改善服務。假如只要提升效率就能改善服務，那麼可靠的數位設備、光學纖維、人造衛星、機器人、軟體，換言之就是那些能夠提升產量的非個人系統（如前述的毒氣室和火化爐？），就可以解決問題了。事實上，個人因素會一一消除，但是「工作」呢？

此外，只憑藉改良過的服務供給系統、更優良的硬體和軟體設備，我們就真的能提升服務品質嗎？假設餐廳老闆在原先連通餐廳和廚房的門旁邊，再增加一扇門，就能夠加速兩扇門的單向通行速度，他也許能夠加快送餐上桌和收取餐具到水槽的速度，減少受到的阻礙和錯誤。但是，這真的能夠提升顧客和服務生互動的品質嗎？施坦格爾的擁有經過改良的絕佳技術；特雷布林的卡滅絕營以快速、無礙和不出差錯為目標，提供無與倫比的服務。獨樹一格、有效率的技術、客觀無私的目標，都可以提供服務，但是這就表示是好的服務嗎？有衡量指標嗎？有模式可循嗎？

以富有菁英訂定的標準來衡量的良好服務，從客觀無私地提供服務轉向更私人和個人化。飯店每一層樓都有門房，配有私人護理師的私人病房，增加空服員服務頭等艙的旅客，更多自用車司機和代客泊車服務，各式各樣打理私人事務的人員：室內設計師、髮型師、裁縫師、按摩師、財務規劃師。這個標準衡量之下的良好服務，單純就是希望「有人能聊聊，還能畢恭畢敬地做好我要求的事情」。我們發現這個定義包含五個元素：在接受服務者或客戶的判斷下，具備語言能力和敏感度，且足以勝任工作的人類。這與自動化電子設備可說是天差地遠。所以我們應該如何思考服務：更系統化或者更個人化？

瑞典思想家艾佛特・古梅松[5]（Evert Gummesson）主張，我們對於服務犯下最主要的錯誤，就是我們幾乎沒有好好思考過服務這件事。第一間以商業和公共關係為主的研究中心，在一九八〇年代中期才成立（瑞典卡爾斯塔德大學（Karlstad University）和亞利桑那州立大學坦佩分校（Arizona State University Tempe Campus）），因此，**大部分的服務概念都是從生產的概念轉變過來**，以為可以用生產率的標準來衡量服務的好壞。

我會盡己所能呈現出生產率與服務的極端對比，來反駁和質疑這個思路。生產率和服務必須區分得很清楚，因為這兩件事是出於基本上完全相異的心理學態度，甚至在原型上就是截然不同的存在形式。我們的想法通常是認為服務比較接近投降，而生產更像是征服。生產是操控原料，而服務是屈服於原料。從神話的角度來說，我們對於有生產力的就業，是受到泰坦神（Titan）普羅米修斯（Prometheus）對親力親為自尊心的影響，或者受到奧林帕斯（Olympian）主神之一、打造盔甲的工匠之神赫菲斯塔斯（Hephaistos）所影響，因為生產就是製造；而服務代表保護、保存和推動，因此更容易令人聯想到爐灶女神赫斯提亞

（Hestia）。雖然她在維持每日生活中扮演助益匪淺的角色，但是她提供服務的時候卻幾乎令人無法察覺。我們對於服務的概念，也可以更傾向於信使與調解之神荷米斯（Hermes），因為服務是以客觀無私的方式處理、交換和溝通訊息，完全不會干涉訊息本身。

古梅松的主張是：假如我們想要足夠地、充分地思考服務，就必須從生產率的典範中解放出來。除此之外，我們必須先意識到這些目前為止運作順利的典範有多麼根深蒂固，即使這些典範將服務強加給那些認為創新是負擔的人，也不會動搖典範。

我在此說的服務，是那種預期人們需要某些產品，甚至是創造出需求，誘騙消費者想要那些非必要物品的服務。良好服務的定義變成提供產品時，便能夠將消費者與生產設施和過高的生產力連結或串聯起來。生產並非按比例滿足需求，並且受到這些實際需求掌管，而是訂定自己的規矩，要求市場服務生產的需

5 艾佛特．古梅松，“Service Productivity: A Blasphemous Approach,” Dept. of Business Administration, University of Stockholm, 1992；以及 “Can Implementation Be Taught?” ibid., 1991。

求。如果不將消費產品的人群丟進歐威爾（Orwell）式的惡夢中，逼迫他們不斷消費以填補不斷增長的虛構需求，那麼就很難用商品生產來定義服務的好壞。（艾瑞克·賀佛爾（Eric Hoffer）曾說：「對於你不需要的東西，你永遠都覺得不夠。」）簡而言之，以生產模式思考服務的話，只有服務消費本身（也就是生產流程的最後一個階段），而不是服務消費者。

因為這一百五十多年來，我們以快速、創新的科技解決方案改善服務，所以我們持續沿著同一條路走，有時完全不聽那些顯然能以非科技方式改善服務的建議。有一句老話是這麼說的：新戰爭都是舊戰爭的將軍拿著舊戰爭的武器在打的。過去曾經有用的想法，決定了新的問題該如何解決。

隨著服務人類的機器取代了付出勞力的工作，例如洗衣、洗車、洗地板，以及電腦晶片和軟體取代了思考工作，我們對於服務的概念，便與節省勞力的設備緊緊綁在一起。與此同時，數量過剩、薪資不足的勞動力，成為未來學家最主要的擔憂，也是侵蝕西方資本主義生命力的一大寄生蟲。

一九五〇年代，西方世界認為有效率的煉鋼廠，就是雇用最少的人力產出一公噸的鋼鐵：而在中國，最有效率的煉鋼廠是擁有最豐沛的人力，產出每一公噸的鋼鐵所需的人力最多。從國家福祉的角度來看，隨著雇傭變得與生產率一樣重要，我們現在可能會更傾向於中國的想法。儘管服務業的想法還是與奉行生產率的舊典範環環相扣，我們還是會在服務業找到最多新的工作機會。

由於商業和產業的想法仍然受制於生產率這個典範，而這種典範偏好高科技、低接觸的雇傭模式，我們也因此持續貶低對服務而言其實十分必要的另一面：高接觸、低科技。所以我們的社會持續孳生著未獲得獎勵、不受尊重、滿腔憤恨又桀敖不馴的勞動力，等待著中樂透，讓他們得以脫離自己工作固有的屈辱本質。只要良好的服務代表「根除不需要完成的事情」（將現代主義建築學的「形隨機能」理論套用到服務上），我們就會得到乏味、毫無華麗幻想的服務，限制了服務者的想像力。良好的服務是「多走一步」、「不辭辛勞」、展現充滿想像力的變化，找到精準的取悅方式。這需要想像力，以及滿足想像力和所有感官。比起包浩斯（Bauhaus）風格，這更像巴洛克（Baroque）風格。

為了改變我們對服務的想法，我們必須消除通常特別執著於交付、執行、合理化和表現的論述，那些借鏡麥當勞的快速服務制度，以及聯邦快遞迅速電話回應原則的模式。將人類對照顧、修補、護理、教導、清理、回答、幫助、修理、問候、維護、緩解、餵食和領導等服務的喜悅簡單化，只會破壞我們為了提升經濟所仰賴的品質而付出的努力。

畢竟，「品質」只是努力趨近於理想，也就是說品質這個概念，填補了實際事物與理想中完美形式之間的差距。以完美為目標時，品質就讓人想到理想之美的靈魂。我們說那是「完美服務」。化學物質沒有因為替代品而降低品質，期望達到百分之百純粹。有品質的機械工具，只能忍受微米量程度的不完美。有品質的服務，將會帶來各種溢於言表的讚美之詞：傑出、優美、美麗、超凡、驚豔、美妙。良好的服務作為一種審美態度，能夠以美妙的表現取悅服務者與被服務者，因而提升生活品質，為本來只是個交易的活動增加價值。

品質的美學概念，為廣受大眾認可卓越不凡的日本品質，提供了截然不同的基礎。我認為我們都誤以為日本人的卓越不凡，僅能歸功於一系列經濟和心理學因素：勞動力的一致性和人口組成的同質性；繁重的課業壓力讓他們養成專注和長時間不分心的習慣；勞資雙方合作無間；從上到下都充滿紀律和進取心；他們服從規矩（規格）的傳統，甚至是他們在心理上無法容忍錯誤的「恥文化」。

除了這些可能造就日本品質的因素，我還想再補充一點，那就是他們的鑑賞力，這對日本人的日常生活禮儀和他們複雜的象徵語言而言都十分重要。打從一開始，日本人的心態就是從格外注重感官細節的文化中培養起來的。他們喜好高雅的藝術，例如花藝、茶道、書法、武術、模型、精緻手工藝、園藝造景、製作料理、傳統舞蹈，還有能劇中各種有著細微變化的手勢，在在展現他們嘗試追求理想的過程中，對美感品質的「精準意識」。精準意識就是我們所謂的「品質管控」。

當然，這種不帶個人情感的客觀美感，可能會導致空洞的形式主義，以及美國人經常在日本人的行事流程中看到的僵化矯飾主義。所有模式都會產生陰影。我不會因為認為日本人的方法比較好，就建議所有人都模仿他們的服務模式。我是說我們應該注意到日本人產出的品質，是源自以美學傳統為基礎的精準意識。

有品質的服務就能夠緊緊盯著理想，為純粹的完美而奮鬥，以此提升生活。當然，理想是不可能達到的，因為那就是「理想」的本質，這便解釋了理想為何不單純只是個衡量標準。「理想」代表的是超越任何預設標準的品質，只是用來提示事情應該如何做，或者想要怎麼做，彷彿有某件事物想在人生中每個時刻超越自己。也許進步不只是人類的渴望。也許朝著完美和實現理想邁進的進步，根深蒂固地存在於所有事物的本質當中，而「服務」了解這一點，便盡其所能地協助這種對提升和進步的渴望，幫助所有事物發揮潛能達到最佳表現。這種精神衝動，正是服務真正的根源。我們生活中的服務和為生活所做的服務，都是為了讓我們所做的一切回歸烏托邦式的願景，亦即理想中的天堂，每當有事情做得非常正確時，我們每個人都會在內心感受到充滿美感的愉悅。

最近幾年，人們對於服務的想像開始偏向人性化，而非天堂般的無比美好。有品質的服務越來越常與「個人化服務」畫上等號，這是受到治療心理學反覆強調個人感受與個人關係所影響，這種關注會干擾商業活動中正式的行為準則，因為商業奉行的是客觀無私地為任務和組織服務的儀式——儘管看起來可能十分冷酷、缺乏同理心又充滿男性霸權。

當個人化服務成為服務品質好壞的標準，人們就會將更多注意力放在服務接收者和提供者之間的關係，而不是任務的客觀本質上。飛機準備降落前，空服員請我豎起椅背時這樣跟我說：「能為我做這件事嗎？」。我為什麼要為她做？是出於幫忙嗎？還是出於個人的好意？事實上，我們只是遵循無關個人的降落儀式，是趨近於理想形式的正確流程，與我跟她之間的關係幾乎毫不相干。我去餐廳是為了吃晚餐，服務生叫什麼名字一點也不影響我，畢竟我不是去認識他的。他對我用餐這件事的關注，不會表現在他上菜時對我說的「請慢用」上，也不會表現在我用完餐後他詢問我對餐點的想法上，而是展現在他對每個行為和儀式的精準意識上，這樣才能把工作做得漂亮。

個人化服務是把個人放在服務之前。一個人服務另一個人；我為你服務或你為我服務，奴役的主僕關係會因此立刻在陰影中蠢蠢欲動，一方面展現表面的甜美與愉快，一方面展現強烈的怨恨。只有品德高尚的仁愛修女，方能在給予個人化服務的同時，不會受到源自於這種陰影的壓抑敵意所影響。

是工作要求服務，而工作的客觀性將服務轉變成儀式活動。如此一來，我們就會認為比起為了個人，服務更像是為了某個事件或情況；比起剝奪被奴役者的權力，更像是提升權力；比起主觀的善意，更像是客觀無私的儀式。就如同為地板打蠟增加光澤，等大家都上床睡覺後保持房間通風。

我所謂的客觀儀式是指，諸如護理師為沒有行動能力的病人洗澡、神父舉行彌撒、口譯員翻譯文字、演員扮演自己的角色之類。在這些案例中，個人可能會干擾服務的客觀表現和工作的規範。不只人類需要服務，人類的東西也需要服務：換油、清潔錄影機、修理烘乾機、傳遞訊息等等。那是修理工的儀式。物體也有希望受到關注的特質，例如廣告中享受新清潔工打掃而露出微笑的浴缸，或者是因為可以防止腐壞而喜歡新著色劑的木頭壁板。以良好的態度小心對待物品，彷彿他們也有靈魂，這就是有品質的服務。

我們已經用有點不以為然的態度，看過兩種討論服務的主要路線，第一種是討論服務提供者的表現（高科技生產模式），第二種是討論服務接受者的滿意度（個人需求模式）。我們放下有關交付、滿意度、表現、個人和非個人的討論和衡量，回到本章剛開始的部分。現在再來看看從前對服務令人髮指的舊觀念：服務就是奴役，直到死亡才能解脫。不是服務以生產效率為主的技術體制（施坦格爾；還有日本年輕人開始想反抗的傳統），也不是服務永遠都是對的顧客（黑格爾（Georg Hegel）所謂的「主人」成為所有人都必須百依百順的顧客）。而是服務「其他」，所謂的「其他」就是指整個地球和其中包含的每個微小要素。

我想表達的服務是來自深層生態學。蓋亞假說（Gaia hypothesis）主張，我們所處的地球是一個會呼吸的有機體，地球每一個部分都是活的，而且擁有一定程度的意識，意識不再是人類獨有的資產，也不只存在於人類的皮膚與骨骼當中。雖然蓋亞假說是近幾年提出的，而且援引了生物學、物理學和化學證據，但是這個想法其實可以追溯到先蘇哲學家、斯多葛派宇宙學說、新柏拉圖主義世界魂（*anima mundi*）、萊布尼茲（Gottfried Leibniz）的普遍作夢靈魂（universal dreaming Soul），而且扎根於有關大地的神話之中，也就是以希臘大地女神蓋亞為假說命名想傳達的意義。

細心的讀者可能已經注意到，而且也感到困擾，那就是本書的其中一個特性反映出了蓋亞假說，這個特點賦予所有名詞主觀性。你閱讀的那些句子，將意識和意圖乃至於權力，都歸因於概念、事物，尤其是文字。文字擁有了生平背景、書籍擁有了使命，現象在沒有我或其他人代勞下，以文字自我呈現。本書分享了以人類為主體的句子，以及在除了兒童讀物和科幻小說以外的大部分散文中，都沒有生命權的其他類型的主體之間的能動性權力。句子組成的方式就是為了將靈魂的概念從人類身體中釋放出來，尤其是第一人稱「我」的用法。

服務有靈魂的世界，就是指人類不可避免地服務這個巨大的有機體。我們的氣息、我們的排泄物、我們的情緒，不論我們人類產生什麼，都以某種方式服務了「生物圈」這個相互依賴的複雜群體，其他文化則是以充滿權力與力量的男神與女神來描述。身為這個有機體中的服務者，我們不可避免地成為服務的提供者和接收者。良好的服務可以定義為預計將有益於世界魂的服務，而疏忽和怯懦就是差勁的服務。

這些對於世界好壞的預估，當然是無法客觀化的。誰能斬釘截鐵地說，比起布質尿布，拋棄式紙尿布對世界靈魂更好？如何衡量洗衣服用的水和洗衣精，以及塑膠製品的生產和丟棄？但是你可以依據心中的理想做出選擇，哪一種做法不只有益於你的銀行帳戶或便利，也益於環境。重點不是發明一種新的消費者指南，以一到十分評估什麼對世界最好或最壞，而是依據內心的理想去感覺每個選擇，這樣一來你的選擇就會反映出環境意識。這樣不僅會知道這個商品、這項活動、這次購買，讓你付出什麼成本，也會知道世界付出了什麼成本。

除此之外，正如我們想像人類的靈魂存在於每個人之中，我們也可以想像世界魂存在於每個個別的物體之中。因此事物也會成為主體，不只是客體。如果將他們當作死氣沉沉的客體而疏忽了，就會展現出越來越多毒性。起初是「便於使用」的東西，就會開始散發出「不好的氣場」。除了讓這些物品不再成為沉默的奴隸以外，還有什麼方法能讓我們關注我們所造成的傷害。

這種服務的概念要求我們屈服，持續關注「其他」。唯有我們認同具有主宰地位的任性自尊，而且這種自尊是單一主宰神的反射時，我們才會感覺這是羞辱和奴性。但是，假設神存在於所有事物中，另一個世界散布在這個世界中呢？

神學將這種神性存在於萬物的理論稱為內在性，有時稱為泛神論。不論是神就存在於事物中，還是每件事物都有自己的神，是只有一個神或許多神，或者存在**任何一種**神，這些神學問題都十分耐人尋味；但是，這與務實的論點並沒有直接關係：從服務的角度來看，每件事物都有自己獨特的價值——包括那個我在飛機上時，空服員要求我豎起的座椅。將座椅視為彷彿擁有靈魂的物體之後，我便比較不會粗魯地調整椅子，而是會更加小心。受到小心對待的椅子坐起來會更舒服，也能服務更長的時間。

神學的內在性表示對待所有事物時，不論是有生命或無生命（也許這種區分已經不再明顯）、自然或人造，都要將這些事物視為活物，因此他們也需要所有生命需要的一切：留心他們的屬性、他們獨特的性質。這株植物須要一點水；這種木材無法承受太重的重量，而且燃燒時會冒煙。請看得更仔細一點：我是一棵楊樹，不是橡樹。注意不同之處、留心關注、給予尊重（尊重的英文「respect」就是「再看一眼」的意思）。注意你眼前、指尖下的事物，在它開口時根據它的需要給予關心。審美敏銳度。精準意識。

這些關注和服務的概念，就是希臘文「*therapeia*」的涵義，治療（therapy）一詞就是從其衍伸而來。希臘文「*therapeutes*」的概念正是指給予關心、給予服務，因此能夠治癒他人的人。與地球相關的服務，可以產生治療的效果，或者至少維持健康。

服務的美學概念，符合較新的理論所說的「高接觸」（而非高科技）服務。這之所以是美學概念，是因為需要敏銳察覺事物的本質，也就是要求謹慎的洞見和敏銳的反應。「感知」和「洞見」是對希臘詞彙「*aisthesis*」的翻譯，這個詞彙不是指美的抽象理論，而是洞見這個感知世界的樣貌。我提出的想法是將服務從與機械效率息息相關的純粹功能性概念，轉移到感官在系統化關係中的質性參與。這樣一來，服務就會契合生態性的回應。現今主要被視為義務或懲罰性的工作，例如清潔、解毒、修理、刷洗、回收等等，都會成為有療效和美感概念的服務。

蘇西・蓋伯利克（Suzi Gablik）撰寫的一本著作，是關於藝術在具有生態意識的社會中扮演的角色，講述了對事物有同情心的行為成為西方藝術的新模式，成為服務世界的藝術。[6]其中一章談到一名藝術家定期清理格蘭大河（Rio Grande）上游河岸，她呈現出來的服務儀式是遵循著藝術最古老的定義「為藝術而藝術」，但是這不再是脫離社會的菁英與生命和周圍環境隔絕後進行的私人「創作」，而是投身於生命和周圍的環境。這是不求回報的純粹藝術。行為背後沒有動機、沒有計畫、沒有強烈傳達的訊息——因為單獨一人是絕對無法將河流清理乾淨的。這是一種儀式行為，充滿深思的奉獻，純粹為了服務而服務，既無利可圖也不取悅任何顧客。

此刻我們看完了服務衝突的定義：一個是以企業利潤來衡量，另一個是以顧客的滿意度衡量，而我們現在來到更寬廣的領域。我想在此冒個險，以兩個基本概念來定義服務：其一是**無害**，其二是**提升**。最棒的服務就是造成最小的傷害，並且提升價值或美麗。僅可能不在表現、材質和目的方面冒犯神靈。這樣的服務能夠遵循古老的醫學格言「首要之務是無害」（*primum nihil nocere*），讓我們將服務想像成藉由提升所有事物的品質來治療世界之病。這樣的服務也符合最古老的英雄概念，他們是追尋理想的人，他們為了群體的福祉而以勇氣和非凡的天賦服務眾神。

6 蘇西・蓋伯利克，《藝術的魅力重生》（*The Reenchantment of Art*, New York: Thames & Hudson, 1991）。

維護的權力

服務有各種運用方式，其中一種持續尋求關注的服務是「維護」。維護的概念本身就需要維護，因為當我們邁入組織管理的新世紀，專心處理改變意識這件大事時，很容易會忽略維護的概念。不過，實際規劃營運成本預算時，不論是出租房產、醫院、機場或運動場所，或者是興建辦公大樓，維護還是扮演著相當重要的角色，甚至是決定性的角色。樓層的選擇、窗戶的設計（密封或可開式）、織品的質感、燈光的位置、貨梯的設置等等，都取決於預計的維護成本高低。未來的維修保養費用，會決定現在的設計。維護的因素在建築中至關重要，形式確實應該跟隨機能，因此我們彷彿在開創新興的「清潔工建築」學派，打造專為清潔工設計或是由清潔工設計的建築物。工業界和環保局之間最主要的爭論點，就在於維護成本，要解決過往低度維護所造成的問題，也要防止未來低度維護將產生的問題。

然而，人人都喜歡低度維護，不只是商業界和工業界，而是日常生活中的每個面向都是如此。身為消費者，我們想要不長雜草的草坪、矮小的果樹、不會生病的灌木叢、人造覆蓋物、防旱的植物、乙烯基塑膠壁板、免燙棉料、防皺長褲、可以放進烤箱的餐具，以及能夠自行清潔的爐灶。低度維護是日常生活的理想。保證只需要最低限度維護的系統、計畫、建築物和產品，似乎能帶來最高效率，換言之只需要花費最少的時間和人力，去執行毫無生產力的工作。我們普遍都將維護視為一種負擔，而不是能增加價值的進步過程。維護只是前仆後繼地向退化宣戰，但是所有事物都會耗損和消磨，我們只會屢戰屢敗。所以我們覺得擦窗戶、掃地和鋪床都只是在浪費時間，我們應該把這些時間拿去做有生產力或休閒放鬆的事情。

這種看待維護的觀點，影響了職業類別和薪資級別的層級，以維護為主的工作薪資最低。這種觀點也影響了更廣泛的移民政策和種族歧視的觀念，甚至是對種姓制度中的賤民產生恐懼：設想囚犯在路邊清理你隨手丟棄的易開罐的樣子。維護工人和旅館服務人員，通常都屬於不需要特殊技能的工作，而這種工作族群經常是由移民、身心障礙者、文盲和膚色較深的美國人所組成。維護因此成為經濟學問題、生態學問題、社會學問題，也是人事物能否受到公正對待的議題。

最重要的是，這個問題也與能量守恆和熱力學原則息息相關，也就是物理學解釋宇宙的基本原則。現在來看看這些「低等」工作使用的語言。我們會說撿起（picking up）、洗手（washing up）、整修（doing up）、清理（clearing up）、整理（tidying up），維護則是「upkeep」。可以明顯看出維護過的東西，會從混亂「上升」成為整齊有序。維護的功能與單向往下的熵相反，熵是往下變得無意義、無模式、隨機解離——正如同旅館退房時一片混亂的場景。物理學中的熵增概念，是指降低系統的能量，相當於增加混亂失序的狀態。最終的目標是靜止，一切都不再移動。佛洛伊德將熵連結到死亡本能。

如果維護就是維持良好的狀態，那麼維護就會轉移能量的梯度。科學上所說的負熵是一種自由能，可以「超越」熵分裂的隨機力。從這個觀點來看，維護作為與意識相等的概念，成為和生產一樣有創造力的因素，不再只是產品「成本」

中鮮為人知的一面。除此之外，當我們再次檢視詞彙的起源，經濟（economics）一詞是源自希臘文的「家務管理」——「*oikos*」（家庭）和「*nomos*」（傳統秩序）。從詞彙的涵義來看，維護成為經濟思維中首先要考量的問題，而低度維護的意思就是直接忽略，從而導致衰敗、解體和死亡。

而且不只如此：除了經濟、環境、宇宙和物理問題，我們的主題也可以從美學方面來審視。當我們回歸維護這個詞，追溯詞彙的根源，就會看見其美學的層次，也就是「*teneo*」，意思是拿住、持有（這也是「entertain」的字根），加上「main」，「手」的法文。從字面上來看，維護就是指「用手拿著」。

如同大腦分成左右兩側，手也分為「兩種」。一隻手握著韁繩、掌著舵，是掌握大權的拳頭和指引方向的手指。擁有這些特性的手負責管理，而管理（manage）一詞的法文和拉丁文根源也是與手相關。而另一隻手，必須保持聯絡、給予認可、感受工作本身。順帶一提，感受（feel）的字源就是手掌。親力親為的管理需要拳頭和手掌才能完成，而將注意力放在維護上，正是融合兩隻手的管理方式。

在前工業化時代、非自動的社會裡，雙手在人類活動中具有非常重要的價值，不只是作為「操作」省力設備的工具（無需用手就能快速操作的委婉說法），也主要用於接觸各種基本事物。「著手處理問題」字面上的意思就是：碰觸水、木頭、煤塊、灰燼、土壤、植物、動物、食物、廚餘和灰塵。雙手或者掌心朝上讚美神明或者合十祈禱，都強調了手在萬物秩序中的位置。你的人生，掌握在你手中，就在手相專家能看出你個性的掌紋之中。（個性（character）一詞就是源自希臘文的「刻線」。）你手中掌握的是孕育的魔法，因此只要由正確的人以正確的方式觸摸，就能夠賜福、治癒或者簽訂至死不渝的契約，或者將一個低階的人提拔到高階。權力是透過雙手遞交和轉移的。

感官的愉悅，將會回到用手觸摸事物的人身上——垂墜的布料、平衡的石頭、土壤的質感，還有滑順的肌膚。醫師看到事物在他手中呈現的樣子，便知道事物的狀態。隨著各種裝備和工具的日新月異，我們不再用雙手操作每天生活和工作必須接觸的事物，只會用指尖進行數位化的操作，例如敲打按鍵、拉起把手，以及撿起紙張和塑膠包裝。不必親力親為以雙手操作的生產和服務，取代了種田的手、做工的手、做文書工作的手，各式各樣用手的工作。基因工程、矽電子、生物科技和低溫學，甚至是診斷和商品交易，都能藉由一塊發光的玻璃或裝上機械手的機器人完成。只有我們的嗜好，例如園藝、烹飪、製作模型、寵物美容、縫補、編織、刺繡，或者一週間幾次的耳鬢廝磨，才會讓我們的雙手完全恢復作用。但是這些都是休閒娛樂，不是商業的一部分。新一代的同款商品上市後，產品的以舊換新價格終會下滑，儘管如此，有沒有哪一種新型通訊裝備，還是會讓你因為產品的親切感而想要繼續使用下去？

低度維護就像是消費主義的最後一個階段——搶劫，代表極度世俗的生活。不願奉獻投入，除了供奉自己的神壇以外，不會對任何事物產生儀式性的關注。所以我們把關心和注意力全放在跑步機和維他命上，放在職業和會計工作上，放在人際關係和治療上。與此同時，我們也失去了那些得到時會讓我們欣喜若狂的事物所帶來的感官愉悅。

假如我們因為放棄用手接觸而失去快樂，那麼不再被人類雙手碰觸的事物本身，可能會失去什麼呢？那是不是使事物看起來受到詛咒而非祝福、破碎而非治癒、被丟棄而非保存一生的原因；是不是也解釋了事物為何仍然處於較低的層級，只是毫無意識、沒有靈魂的物體？這是不是我們擁有太多垃圾的原因，因為擁有不再代表永遠擁有？

最後，從我們檢視效率和服務概念後的發現來看，比起乏味的日常瑣事，維護更像是恩賜，而清除更像是回饋，而非擺脫。我們無法再真正擺脫任何事物，不只是因為事物只能改變，不能創造或摧毀，更是因為拋棄式商品現在已經不合時宜。即使是赤貧國家、第三世界的荒地和美國原住民保留區也拒絕廢棄物。再也沒有人要接收你的垃圾了。

我所謂的「恩賜」，是指維護你的資產會讓你的鄰居感到愉快，而維護公共資產，就是考慮到其他與你使用相同設施、踏過相同人行道的公民。我們對資產的關注，對事物本身也是恩賜，這些東西沒有被當作塵土、雜物、垃圾、餿水、廢物、破爛、廢棄物（我們用這些詞彙貶低那些我們不想保留、不想碰觸的東西）。

我們可以將世界魂的概念，理解為在乎和關注萬物。我們不用「沒有人手碰觸過」為優良的產品打廣告，反而是想尋找人手碰觸過，而且「便於使用」的產品。如果萬物都存在靈魂，那麼它們也需要以我們開始在回收計畫中重新發現的清除儀式來處理，而回收中心（redemption center）使用的字眼正是「救贖」。與其像從前一樣以拘謹道德主義懲罰亂丟垃圾的行為，我們應該從全新又充滿樂趣的萬物有靈論切入，而第一個瞭解這種作法的就是兒童。「不可以把糖果紙丟在路上」——不是因為很髒或差勁、不是因為這樣不對、不是因為「如果大家都亂丟會怎麼樣？」——而是因為「你的糖果紙不想要掉進水溝或被別人踩到，它想要跟朋友一起待在垃圾桶裡。」

如果東西沒有被妥善掩埋、焚燒或製成堆肥，它們的靈魂會不會陰魂不散，變成危及社群的鬼魂，尤其讓脆弱的孩子毫無招架之力？汙染不只是化學和輻射汙染，也有心理層面的汙染。大部分的部落社會都有詳盡的禁忌，防止靈魂受到空氣中和水中看不見的靈體汙染。而我們製造的汙染和毒素，也是看不見的。微波爐、高壓電、氡、添加劑、X光、鉛微粒、殺蟲劑——無味、無色、極其微小，而且似乎完全無法摧毀。

我們的文明是否因為漠視維護而遭到報應，被忽視的事物像不屈不撓堅持報復的亡靈，迫使我們焦慮地關注這些極其微小的殘餘物？長期以來對物品的忽視——也就是丟棄或取而代之，而非呵護照顧——似乎讓物品現在要求我們伸出另一種手，善良仁慈的手。龐大的廢棄物丟棄和清理問題，已經成為一種自主力量，宛如破壞力極強的殭屍一般，為被遺留在生產率大勝的戰場上，或者被丟棄在坑洞或拋進河中等著被帶走的食屍鬼和屍體索取貢品。但是沒有「帶走」這回事。我們的文明似乎參與了英雄主義的贖罪儀式，以安撫神靈。我們嘗試與低度維護忽略的無形力量達成和解，嘗試以世俗經濟社會唯一能理解的贖罪儀式來和解：龐大的開支，也就是超級基金（Superfund）。

我們在第一部中檢視了效率、成長、服務和維護的概念，嘗試探究這幾個概念的意義，轉變其中的價值。因為這些概念強烈影響了我們的態度，以及組織經營事業和規劃未來的方式，這些概念自身就是權力。這四個概念像四匹寶馬，拉動經濟這輛馬車；它們在心理上的影響力，更勝勞工部、商務部和財政部每週和每月公布的數字。貿易逆差、國民生產總值、失業統計數字、消費者物價指數、

M-1和M-2等等，都無法像概念引導的行動那樣決定我們實際的行為：對成長的崇拜、對效率的著迷、對服務的厭惡，以及對維護的貶低。此刻，讓我們結束揭露概念的權力，直接轉向權力的概念。

第二部分

權力的樣貌

權力的語言

「權力情結」（power complex）一詞源自榮格（Carl Jung），他在一九二三年出版的英語版《榮格論心理類型》（*Psychological Types*）一書中便解釋過。那一段是這麼寫的：

> 我有時會把個體所有概念和奮鬥的整體情結稱為「權力情結」，這種情結傾向於將自我凌駕於其他影響之上，因此那些影響都屈服於自我，不管那些影響是否源自於他人和客觀條件，或者是否來自個人自身的主觀衝動、感受和思維。

簡而言之，任何形式的屈服都會喚起權力情結。其定義點明為了堅持自己勝過其他，不管其他是什麼，都得居於次要。在榮格所寫的那段文字中，關鍵詞是「凌駕」，有許多方法可以提升和凌駕於其他事物之上。屈服，可以藉由武力、意志力、情緒說服、邏輯論證、理性說服、恐嚇、操控、糾纏或欺騙達成。不論是用什麼方法，權力情結都會藉由屈服而爬上和待在高位。

我們都很熟悉這些不同的模式。只要是與情緒起伏不定又憂鬱的伴侶，詭詐狡猾的操縱者，或者與醜惡的霸凌者一起生活的人，都很明白屈服的意思，似乎優勢的地位主要都是以其他人事物的順從來定義自己。

我們也很熟悉自己性格結構中使用的屈服技巧——我們不允許產生的想法、我們想要深藏心底的感受，還有見不得光而且馬上就會被批判的幻想與習慣。不論是內在或外在、在自己或他人身上，榮格的權力情結都建立於具備高度意志力的自我概念上。

然而，榮格在其他地方超越自我，談到權力的驅力，或者說權力的本能，也許是從艾弗瑞德·阿德勒（Alfred Adler）或尼采的權力意志借來的概念。榮格將權力本能與另一種強烈的精神力量「性欲」相提並論。他主張權力是阿德勒心理學的基礎，正如同性是佛洛伊德心理學的基礎。這兩種概念的對比，早在精神分析學之前就出現了，至少能追溯到中世紀教會道德觀中的兩大罪孽：「*ira*」（憤怒、怒火）和「*cupiditas*」（慾望、色慾）。這兩種古老又充滿罪惡的熱烈情緒，現在成為權力與性的驅力。

甚至可以再往前追溯到兩個存在已久的神話人物：阿瑞斯（Ares）／馬爾斯（Mars）和阿芙蘿黛蒂（Aphrodite）／維納斯（Venus）。他們也是經常成雙成對出現，他們的故事與權力和性息息相關。現代心理學概念背後，隱藏的是一段悠久的歷史，而悠久歷史的背後，則是歷史根據各個時代風格換上不同外衣的原型結構。原型理論對權力和性的看法是人類永遠無法掌控憤怒或慾望，因為這兩種充滿爆發力的驅力是神的棲身之處。儘管我們可能會認為神話早就為人遺忘，眾神也早已死去，但是他們都在靈魂強烈的情感中復生了。我們的習慣其實都是按照神話的網格排列的，這個概念值得花更多篇幅來闡釋，這將是本書第三部分的重點。

比權力情結和權力驅力的心理學概念更廣泛的，就是「power」（權力、力量）一詞本身，這個詞彙最單純的意思就是行為、行動和成為的能動性，源自拉丁文「*potere*」，意思是「能夠」——執行工作的能力，例如電力和肌力。事實上，力量和能量都是源自工作表現的抽象概念。有東西發生任何形式的移動或改變時，我們會先假設然後測量，將造成改變的無形原因視為能量或力量。更廣泛地說，權力可以定義為完全的影響力和潛能，不是「做」本身，而是去做的能力。

假使進一步追溯這個詞在印歐語系的根源，就會得到更有意思的發現。我們發現這個詞本身就涵蓋榮格賦予的心理學意義。「權力」使人屈服，一點都沒錯！即使沒有使用權力的主體也一樣。不需要假設存在有主導性的自我。權力一詞的根源「*poti*」是指丈夫、主人、領主；希臘文的「*posis*」是丈夫，再衍伸出「*des-potes*」，意思是「一家之主」，希臘文「*domos*」、拉丁文「*domus*」和「*posis*」，都是主人的意思。「*Dominus*」（我們的主宰、主導優勢）是主人、領主、擁有者，羅馬時期的奴隸稱主人為「*dominus*」，希臘的奴隸則稱主人為「*despotes*」（此為暴君「despot」的字源）。

階級、屈服，甚至是專制，早已存在於權力的概念之中。我們說英語（或其他印歐語系語言）的那一刻，就已繼承了這個語言，因而進入了不可改變和不可阻擋的歷史文化場域中，而在這樣的西方傳統之下，我們認為去做和行動的能動性，就包含命令、主導、支配和推動人事物與環境。拉丁教會稱上帝為「主宰」（*Dominus*），而我們這些以上帝為形象創造的平凡人類，只要做某些事情就成了主宰。

在探究權力的過程之中，最難解的問題就是：我們如何在不支配他人的情況下，以能動者的身分行使權力、做任何事情？這是我們歷史心靈，也或許是人類本質中最大的疑問：如何在不支配、不壓迫控制的情況下行動並達到成就。這是家長撫養孩子，社工幫助客戶，經理帶領辦公團隊時會產生的疑問。我們以能動者的身分做事時，權力就會出現，權力一詞中蘊含的西方歷史也隨之出現。我們以上帝的形象主宰一切。

很快我們就會明白，為何政治女性主義將層級式組織視為「父權意識形態」的基石。階級制度使人屈服，權力成為主宰與專制。所以需要拆解組織的架構，從上往下分解權力。重組成完全平等或變通靈活、合作無間、沒有領袖的小組，例如生產小組、組裝團隊、工作小組，維持橫向連結，而非向上形成金字塔結構。徹底轉變方向，從上下改成左右延伸之後，新的罪惡就會取代舊的罪惡。

不顧一切的平等，沒有一個人敢把頭抬得太高。不讓人居高臨下的代價，就是沒有仰望追隨的對象。尊敬、推崇、欽佩，通通拋到一邊。其他類型的從眾主義和政治正確開始佔據主導地位。新的暴政由此而生：平等的專制主義。

除了權力在直向和橫向維度的原型鬥爭（現在已經變得個人化，成為男性與女性之間的鬥爭），還有另一種權力爭鬥存在於詞彙之中。這個詞彙的歷史表示不論你做什麼、你怎麼做，都會牽扯進主動／被動、主人／奴隸，最終成為虐待狂／被虐狂的二元對立之中。必須動用權力和力量移動惰性物質，我們才能完成工作。

這種完成事情的思考模式，遵循西方古老的模式，也就是認為物質僅僅具備潛力、惰性、被動、陰性、虛無的特質，必須透過更高層級的力量，才能完全發揮。從亞里斯多德、聖多瑪斯．阿奎那（St. Thomas Aquinas）到牛頓（Isaac Newton）的科學，階層關係反覆出現。一直到最近，我們才承認物質中存在同樣屬於能量的固有力量，而且事物不需要凱撒（Julius Caesar）下令就能移動。凱撒出現的地方，就會出現怠惰的群體、毫無熱情的群眾。全權控制會產生各式各樣的奴役關係，讓你展現傑出又多產的主宰力，而成為奴隸的物質也包括在內。在莎士比亞的劇作中，人人都說凱撒專橫霸道、野心勃勃、威力無比，是主宰也是領主；他集各個權力相關的詞彙於一身，讓民眾退化成了「你們這些木頭、石塊，冥頑不靈的東西！」（《凱撒》第一幕第一景，第三十四句）。世界分裂成了主動與被動。

曾經獲得諾貝爾獎肯定的作家伊利亞．卡內提，在其經典研究中描述的「群眾與權力」政治問題，存在於西方意識主宰的普遍權力概念中，這個概念堅稱，越低等和物質化、越女性化和平靜，權力就越小；權力會追隨正確的階級、財富、教育、出身或性別。權力總是居於上位，正如上帝在天堂、摩西在西奈山（Sinai）、希臘眾神在奧林帕斯山、耶穌在橄欖山（Mount of Olives）上，權力在復活中崛起，殖民者居於原住民之上、白人居於黑人之上、傳教士居於女性之上。哲學使用的詞彙是「純粹實現」（*actus purus*），最強大的力量被定義為最純粹的行為。在那之下的是物質、群眾、暴民——因為其潛在的潛能，所以不但需要從固有的惰性狀態被激發，同時也需要抑制其自發性的爆發。純粹實現是神性的本質，這個概念為西方對生產率的崇拜賦予了精神上的助力，也推動了西方的大男人主義、種族主義和偏執多疑。

如果想拓展權力的概念，我們可以超越先前檢視過的心理學和詞源學探索，思索伴隨權力一詞出現的常見概念。我們心中的「權力」一詞，在一般用法中就有各式各樣的意思，那是我們在彼此身上看見，同時不斷尋找或為之感到尷尬的不同形式的權力。我現在想的是領導、影響、抵抗、權威、暴政、聲望、控制、野心和其他類似的想法，都是我們即將探究的權力面向。也許這諸多面向都是構成權力的元素，這些特質匯集成力量，形成權力行為和行動、出發和取得、擁有和持有、奴役和摧毀的能力；或許也是這些不同的面貌，說明了權力的概念為何擁有這樣的影響力，能夠給予這麼大的自由，又同時承受詛咒。

我們檢視不同形式的權力時，應該以**修辭法**為主。我們如何談論權力？權力如何與我們溝通、如何在語言中呈現自己？修辭法不同於一般直接揭示主題的作法。我們比較熟悉的概念分析方法是觀察實例，或者仰賴奇聞趣事，或者從定義推導邏輯蘊含，或者對案例採用實證研究，從中得出有用的結論。另一個是更趨向道德主義說教的方法，將權力分成好與壞兩個基本種類，鼓勵好的、譴責壞的。

權力的理論中特別容易出現道德主義模式，批判隱藏在理論客體性的斗篷之下。各個理論呈現出權力的光譜，從影響（好）到威逼（壞），從說服（好）到暴力（壞），從合法（好）到篡奪（壞），以標誌發布命令（好）或者使用武力（壞），從分享和相對（好）到專制和絕對（壞），這些光譜都存在於個人或社會結構中。理論通常是從定義開始，而定義會設立標準，能夠以一致的標準衡量權力的概念，像是以一到十評分一樣。權力的理論會將權力視為只有單一定義的事物。

我們得拆解這些定義和神話之間的差異，畢竟我們將在這本書中反覆談到定義與神話。將神話作為思考的網格與框架，就能對照原型人物分析現象，因為原型人物的特質和行為，比你們正在檢視的對象更加複雜。神話不會將意義縮減為定義，而是會把意義放大和複雜化。那是邁向豐富的道路。神話為現象增加了資訊，提供了見解。神話提供形象、謎題和幽默。舉例而言，大英雄海格力斯這個神話人物，提供了大部分的男性、陽剛、堅持不懈、大殺四方、精力充沛的權力形象，是傳統上人們所稱的「吃牛肉的壯漢」（beef eater）。相較之下，在阿多尼斯（Adonis）的花園中成長的萵苣，形象是細皮嫩肉、人見人愛的少年，而萵苣因為枯萎變爛的速度太快，所以被視為懦弱的象徵，不利於男子氣概。牛肉與萵苣的對比，為賣場的文化轉變提供了神話背景。大漢堡逐漸減少，將空間讓給了沙拉吧。這種對比也在漫畫中以反轉的方式出現，大力水手卜派（Popeye）靠著吃菠菜獲得力量，身材圓胖的溫皮（Wimpy）則是天天吃漢堡。

有意思的是，神話比思考模型更具客觀性。即使神話網格採用了類似人類的形象（海格力斯），使用了主觀的修辭學，例如熱情、感受、習慣和態度，創造出來的效果依然更客觀，因為他們沒有將理論結構強壓在現象上。神話讓你更自由地想像肉食者和素食者，思考獵人和農夫、流行文化的品味改變、環保主義、「牛肉」廣告，還有英雄與權力的關係。

模範的價值在於設定標準定義，用於衡量與模範的近似程度。根據《牛津英語辭典》現在的完整解釋，英雄的定義是：「在任何形式的追求、工作或事業中，展現出超凡勇氣、力量或偉大靈魂的人；因其成就和高貴的情操而受到讚揚和敬重的人。」

辭典給予的不是照片、神話故事或描寫，而是一段明顯客觀的抽象文字。我們有了一個模範，可以比較各個行為、個人與特質。設定好概念上的衡量標準後，模範便在假裝客觀的同時，給予了細微的判斷。諾曼・史瓦茲科夫（Norman Schwarzkopf）將軍真的這麼了不起嗎？若真是的話，又是了不起到什麼程度？他有偉大的靈魂嗎？拳王穆罕默德・阿里（Muhammad Ali）是因為成就和高貴的情操受到敬重嗎？那麼愛因斯坦、愛蓮娜・羅斯福（Eleanor Roosevelt）、約翰・甘迺迪（John Kennedy）、瑪莎・葛蘭姆（Martha Graham）、畢卡索（Pablo Picasso）、瑞秋・卡森（Rachel Carson）、李・艾科卡（Lee Iacocca）有符合要求嗎？像約克（Sergeant York）中士那樣的戰爭英雄，或者像馬克・史必茲（Mark Spitz）和傑西・歐文斯（Jesse Owens）之類的奧運英雄呢？我們發現自己會衡量、比較、爭論和強烈反對，尤其會評判什麼樣的人、什麼樣的成就才能符合模範。而神話不會有這種效果。神話會讓我們思索、質疑和想像。以耶穌為模範就會使人效法基督（*imitatio Christi*），產生永遠無法與其並肩的罪惡感。以神話的角度看耶穌，則會讓我們走向謎團。

以神話的角度檢視我們的主題「權力」，代表不會道德說教。這是因為權力與力量背後存在的形象——英雄、國王、巨人、怪物、女王、女巫、睿智的女性、討人厭的老太婆、靈體、精靈，尤其是男神與女神，在在顯示了不存在絕對善良或絕對邪惡的形象。任何男神或女神，都可以是敵人和殺手。任何一種力量，都可以具有毀滅性或極具建設性。寬宏仁慈的培育下會出現虐待，正如暴君專制的統治下，也會出現有建設性的福利。沒錯，甚至還有親切和藹的暴君。親切和藹的暴君並非矛盾修辭：西方歷史中有許多做了不少建設卻有如怪物的暴君，例如建立聖彼得堡（St. Petersburg）的沙皇，還有拿破崙（Napoleon Bonaparte）。慷慨的國王會用禮物凝聚子民，正如執行長會提供員工機會以達到相同的效果。好的母親對兒女的照顧無微不至，為他們做好各種準備，而她的孩子會變得越來越被動和依賴，最終招致死亡。親切和藹的暴君——這不正是那些攻擊福利國家的人們所懼怕的嗎？

你們會發現我們討論的內容，與一般對於權力的批評和理論之間，存在一個主要差異。各式各樣的權力風格都不會按照任何系統理論脈絡排列，從主要到次要、從強到弱、從舊到新等等。我們不是要闡述各種理論，而是各種權力。我們討論的不是權力的**理論**，而是權力的**現象學**，甚至可以說是對權力幻想的現象學。「*Phainomenon*」即「呈現於感官或心中的事物」。事物如何呈現自身、如何照亮（根源來自閃光、發光、揭露）。

現象學也假設，不存在所謂的權力本身。權力並不「**在**」，或者像葛楚・史坦（Gertrude Stein）所說的奧克蘭（Oakland）「那裡已經不是那裡」（there is no there there）。權力的現象學並沒有實質的邊界，告訴你權力從何處開始又停在何處，何時出現又何時消失。與其給予一個清晰明瞭的定義，我們討論的這些關係緊密的概念和描述，具備的是維根斯坦（Ludwig Wittgenstein）所說的家族相似性。權力的現象學將這個主題視為各式各樣的想像，在心中和世界中流淌的各種事件，兩者之間難以區分，是一種變化多端的形態，需要大量的詞彙，才能抓住那些以語言表達作為權力象徵的概念群體。

不論是邏輯、實證或現象學方法，我們都離不開語言。這個方法以語言和修辭的力量說服我們，定義為「說服的藝術」。因此，如果我們能抓住嵌入語言中的權力概念，開展這些影響我們想法和行為的說服概念，我們應該就能夠盡可能地逐漸理解權力的構成。我們整天不假思索地將「控制」、「聲望」、「野心」、「魅力」、「權威」之類的詞彙掛在嘴邊，這些詞彙會形成某種判斷，從而影響我們的決定，以及我們與同事的關係。既然語言是我們的行囊，將這些詞彙攤開檢視必然很實用。也許我們會發現，隱身其中偷渡而來的假說和隱藏的偏見，但是也會發現自己一直背著遺忘已久的價值。

雖然各類心理學都積極關注「賦權」，而且經常在會議和計畫中使用這個詞彙，人們對於權力的概念依然存在奇怪的不適感，不只是因為我們發現了權力專制的內涵，還有其他原因。榮格說過的一段話詮釋得最好：「以愛主宰的地方，就不存在權力意志；以權力意志至上的地方，就不存在愛。」[1]

1 榮格，*The Collected Works*, vol.7, sect. 78（Princeton: Princeton University Press, 1953）。

這種對立情勢，讓一個人對愛之中充滿權力的一面感到可恥（因為愛不論接觸到什麼，都能展現最強而有力的支配）；榮格也說了，追求權力是缺乏愛的行為。愛與權力變成相互排斥——非此即彼。

我想榮格清楚明白的陳述，正是浪漫主義看待愛與權力的典範。一個付出全部、大愛無私，另一個予取予求、自私自利。一個是靈魂的表述，另一個是純粹的意志。然而我們還是會參加研討會，讓自己「賦權」！也許將這種對立關係說成「浪漫主義」實在太狹隘了，因為不屬於浪漫主義的馬基維利（Niccolò Machiavelli）就堅稱，靈魂世界與君王的權力毫無關係。這又是一個清楚劃分愛與權力概念的例子。

這種分化會讓人放棄權力，只為了變成更高貴、受人喜愛的靈魂。好人總是不爭不搶，所以他們是好人。女人之所以獲選或被挑中，常常是因為她們在這種對立中代表靈魂，而非權力。所以失去權力是證明，不是證明一個人懦弱或缺乏男子氣概，而是證明他擁有高貴的靈魂和慈愛的天性。所以理想主義者和浪漫主義者也經常放棄權力。如果想佔有權力，就得為了骯髒的政治拋棄靈魂。骯髒的究竟是權力，還是他們對權力的**概念**呢？

這就是理想主義者經常落敗的原因嗎？人們常常提出一個問題：為什麼意圖更高尚的人不先嘗試得到職位，當他們終於取得控制權，發現事情對他們不利時，他們為什麼拒絕藉由妥協找到出路，反而選擇辭職，自命清高地憤而離去？為什麼好人不能像阿德雷・史蒂文生（Adlai Stevenson）說的那樣，走到道德最低點？

更令人好奇的是：為什麼與權力有關的衝突如此殘酷，相較於天天上演權力鬥爭的商業界和政治界，其實理想主義者從事的神職、醫療、藝術、教育和護理工作，權力鬥爭更加殘酷。那些陷入學術鬥爭或者博物館和醫院紛爭的人，會不知羞恥地欺騙、誹謗、威脅和操控他人。他們不會與敵人的朋友交流。他們會結黨營私、安排打手、密謀復仇。但是商業和政治界的對手，為了得到更大的利益，還是會一起去打高爾夫球、吃喝玩樂。在商業界和政治界，似乎是理想主義更少、陰影更多。權力沒有被壓抑，而是像朝夕相處的夥伴，而且更不是愛的敵人。

只要權力的概念本身，受到愛、靈魂、善良和美的浪漫主義對立關係侵蝕，那麼就會如俗話所說，權力會腐化。腐化不是始於權力，而是始於對權力的無知。這就是我們要以心理學、詞源學和哲學方法探索權力的原因。仔細考慮某件事情、對那件事保持濃厚興趣，這難道不是愛嗎？也許隨之而來的，就是展現對權力的愛。

控制的權力

現今與權力最息息相關的字眼，或許是「控制」。擁有控制權，控制一切。不過，「控制」是源自一種本質上限制權力的概念，事實上就像操控裝置的開關或面板一樣，牽制著權力才不會造成過熱或短路。沒錯，控制具有能動性，不過是以限制的方式：控制（control）一詞是來自「*contra rotullus*」，意思是阻止滾動。

既然自由流動的惰性總是選擇阻力最少的路，下山最便捷的路就會受到限制的控制。叫政府「別再管東管西」的抗議，以及控制軍隊代表著「作戰時綁手綁腳」，都表達了控制受到阻礙的一面。控制的治理方式更傾向於利用否決權，而非領導能力；更多時候是查看和牽制各種力量，而非擔任群體中的偵查兵衝鋒陷陣。

當我們仔細檢視擁有控制權後想做的事情，將會發現主要都是為了**預防**。我們不想被竊聽，不想被貶低，不想被阻礙和批評。我們想要移除競爭中的障礙，例如公司內的其他部門，或者街上的其他幫派老大。控制表示防止其他勢力干擾，可以達到保護的效果，所以掌控一切的人會讓我們感到挫折。他們不會讓我們依照自己的意思行事；他們不允許自由；他們會限制享樂；他們會設置各式各樣的審計單位和文書工作。追根究柢，為什麼握有控制權的人會從上往下發布這麼多限制和約束規定？為什麼會存在這樣的幻想：「如果給我控制權，事情就不會這樣發展；我不會讓情勢一落千丈；我會阻止……」？但是當我們坐上「有控制權」的位置時將會發現，我們經過抗爭後得以不再受限的自由，又會受限於我們開始施加的新限制。控制的概念控制著握有控制權的人；控制的力量是我們無法掌控的。儘管如此，控制骰子或命運之輪的幻想，依然深深烙印在人們心中。因為這提供了超越命運本身的力量與權力。

偉大的權力分析師馬基維利，在他的文藝復興時期巨作《君王論》（*The Prince*）中提到，權力就是以控制的方式對抗反覆無常的命運女神福爾圖娜（Fortuna）。馬基維利讓控制與命運兩者對立，因此權力有能力控制命運女神不可預測的干預，還能控制令所有企業都困擾不已的錯誤、惡習、無能和爛攤子。

在馬基維利的理論中，能夠防止、指揮或約束這些事件的人，就是有權力的人。具備負面抑制能力的控制，越來越常在組織內部或從組織外部佔據主導地位。在組織內部，是以一絲不苟的問責程序進行控制。舉例而言，術後護理的護理師要負責傷口換藥，不僅是清理傷口而已。更多的一式三份備忘錄，更多「向我回報」的要求，更多的比較性招標和比較性支出項目。在組織外部則是利用安全科技，包括隱藏式攝影機、尿液測試、存取控制、文件追蹤和銷毀、安全層級和類別、嚴格監督電腦使用時間和通話紀錄……

控制狂掌權時，沒有一件事能逃過他的監督——每一筆購買訂單、每一張收據、每一件「離開辦公桌時」做的事情。控制狂不需要單獨處理每一件事情，藉以證明自己有權力。比起「照我的方法來」，更像是「時時向我報告」。控制代表著知道發生了什麼事。每一件事都要上交檢查。最重要的是「上交」這個步驟，所有事情都攤在陽光底下。不能有上鎖的抽屜或關緊的門，開放式的辦公室讓所有人都受到控制。

更巧妙的控制方式是利用忠誠度。「相信我就好」、「我必須能仰仗你」、

「只要你為我挺身而出，我就會在背後支持你」。與其他人建立忠誠關係後，我們就必須緊緊待在他們身邊，在組織鬥爭中與他們站在同一陣線。

這些與控制有關的例子——知情、監督、檢查、以忠誠度為手段的必要性，告訴我們兩件事。第一件是揭示了控制會削弱權力這個事實，因為控制會限制權力多樣的表現方式。影響力的技倆、聲望的操控、領導的風險、反抗的沉默都不會受到控制，而且都能夠規避控制。但是我們不允許這些權力形式。與其勇往直前探索和研究未知的領域，控制傾向於當後防部隊，記錄所有已經發生的事情。控制喜歡完整的報告。控制儘管處於自信滿滿的指揮位置，還是得依靠防衛的眼光，而所有列舉出來的特徵，包括強制忠誠、精確無誤、對隱藏的事物充滿懷疑、緊迫盯人等等，都是偏執狂的特徵。

所以第二件事就是，失去控制的概念會引起什麼樣的深層焦慮？偏執狂不斷防範，卻從未見過的隱藏事物究竟是什麼？「失去控制」會衍伸出什麼？砸碎窗戶、嘶吼、尖叫、咒罵那個混帳老闆？炸掉看不順眼的地方？一系列幼稚、誇張、輕率、歇斯底里又瘋狂的舉動。失去控制表示你將變得狂放又無助，從而變得毫無權力。

不過，我們看著這些天馬行空的行為時，可能會發現「失去控制」代表截然不同的意義，因為他們釋放了巨大的能量，其實那是強而有力的！現在，我們開始解析另一個影響我們感受與恐懼的神話基礎結構。有個神話人物以前的稱號是「狂放者」、「無束縛者」、「嘶吼者」，他代表著自然能量勢不可擋的流動力量，有點像佛洛伊德的享樂原則，而那個神話人物就是酒神戴奧尼修斯。他經常以孩童的形象受人祭拜，他是濕潤與酒醉之神，他掌管劇院和戲劇，他能化身成野生動物，歇斯底里和瘋狂都是與他有關的形容詞。[2]

他掌管的每一個領域，都會威脅到控制的嚴密度。野豹和公牛、酩酊大醉、

---

2 戴奧尼修斯的天性和特質，請見沃特·F·奧圖（Walter F. Otto）著作 ***Dionysus: Myth and Cult***（Dallas: Spring Publications, 1989），以及卡爾·克瑞尼（Carl Kerenyi）著作 ***Dionysos: Archetypal Image of Indestructible Life***（Princeton: Princeton University Press, 1976）；戴奧尼修斯的謎團和對他的權力的初步認識，請見琳達·費爾茲-大衛（Linda Fierz-David）著作 ***Women's Dionysian Initiation***（Dallas: Spring Publications, 1988）；戴奧尼修斯相關的心理學和精神病學，請見吉奈特·巴黎的著作 ***Pagan Grace***（Dallas: Spring Publications, 1990），以及詹姆斯·希爾曼 ***The Myth of Analysis***（New York: HarperCollins, 1978），第兩百五十八至兩百八十七頁及附註。

戲劇中的雙性戀、神祕冥府、植物生長不穩定、民粹主義的民主、溫和柔弱的孩子，尤其是他「靈魂之王」的稱號，都是難以在董事會和政府辦公室容身的特質。除此之外，戴奧尼修斯還會帶著他的追隨者離開城市、進入森林，這從來不是政治正確的行為。

假設我們改變觀點，假設我們嘗試從內部理解結構中的權力，而非試著控制權力。戴奧尼修斯式權力的本質是什麼？他如此吸引人、屹立不搖幾百年的基礎是什麼？不論是在古代世界或現代人的心態中，不論是控制他的力量或恐懼他過度的影響，似乎都沒有用。事實上，嘗試控制不可控制的事物，只會讓過度的影響更惡化。井然有序、一絲不苟的辦公室內發生性騷擾，顯現出在內心極度壓抑和絕望的狀態下，戴奧尼修斯式的生命力將會以極度誇張的方式回歸。

現代語言中最能掌握戴奧尼修斯模式精髓的一句話，就是「順其自然」。不只是毫無方向、漫無目的地漂流、載浮載沉，而是隨著內心的活動漂流。就像跳舞一樣（戴奧尼修斯的信徒也是經常以跳舞的形象出現），引導和跟隨的人合而為一；這是一個人內心意識與外在環境的融合，兩者之間的邊界開始模糊不清。一個人對潛藏的情感特別敏銳，他的意志就會受到團體接納，並且代表團體。（戴奧尼修斯幾乎每次出現時都由團體簇擁著，也就是他的隨從（*thiasos*）。）當一個人體現了團體的意識，而且感受組織中發生的所有事情，便會成為組織靈魂的統治者（靈魂之王）。組織因此有了生命，有自己生長和腐敗的時間、脈搏和季節。戴奧尼修斯與葡萄藤的汁液、植物的捲鬚、富含營養的乳汁有所共鳴，這些充滿創造力的汁液是所有系統的靈魂。我們無法控制戴奧尼修斯，但是我們可以用戴奧尼修斯的方式來控制，方法是不將自己與這股無法解釋的賦權力量區隔開來，這股力量透過組織產生，是作為組織真正底線的生命節奏。畢竟組織正如其名「organization」，是有機的（organic），公司（corporation）亦是如此，字源「*corpus*」就是活體的意思。

從原型或神話的角度來看十分明顯，我們對於控制的概念，以及我們對自己和組織進行控制、保持控制、不放棄控制而採取的狂熱力量，似乎都是為了駕馭戴奧尼修斯做出的嘗試。假如我們能更了解他的天賦和行事方式，更深入理解崇拜他的祕密和他本質的價值，我們可能就會試著減少控制，實際上獲得更多的權力。

職位的權力

有一種權力不屬於任何人。這種權力凌駕於所有人類之上，只要達到特定的位置就能獲得。這就是跟隨職位的權力。職位，可以與任職者的個人能力明確地劃分開來。美國的副總統就展現了職位的權力。史派羅．安格紐（Spiro Agnew）和丹．奎爾（Dan Quayle）展現出來的政治天賦，甚至連普通都稱不上，但是副總統的高位卻讓他們擁有高度能動性。

晉升到更高的職位可以增加能動性，就算你其實在升職前後都是一樣的人。例如另一位副總統哈利．杜魯門（Harry Truman），隨著他的職位越來越高，聲望也越來越高。但是，其實是職位賦予一個人認可、指派、決定和執行的權力。門上的名字、辦公桌的大小、窗外的風景，都是以有形的附屬物展現職位無形的權力。因此會有皇冠、儀杖、權杖、主教法冠、議事槌和空軍一號。

權力隨職位而來，也會隨職位而去。新任美國總統在某個一月二十日中午宣誓就職，最能完美展現一個公民崛起，另一個公民退出職位走下巔峰，失去權力回歸正常生活的過程。不同的人來來去去，但是職位仍然存在神聖的非個人權力，任職者的義務就是不得玷汙和破壞這種權力。

然而職位只是權力的一小部分。事實上，根據我們對權力語言的檢視，職位只是眾多權力現象的其中一種。少了領導能力、魅力、權威或影響力，一個人可能會「身居高位，卻無權力」——這是英國前財政大臣諾曼・賴蒙特（Norman Lamont），在座無虛席的下議院大力抨擊他的前長官約翰・梅傑（John Major）首相時所說的話。

「職位」（office）這個詞最早的意思是服務，例如羅馬天主教彌撒的奉獻禮（offertory）。郵局（Post Office）與郵政服務（Postal Service）兩個詞彙可以互換使用。在國稅局修改定義之前，居家辦公室曾經是指家中的服務空間，包括廚房、食品儲藏室、洗衣房，還有穀倉和簡易廁所等戶外空間，都是提供服務的地方。

跟隨職位而來的權力，其力量不是來自工作內容、公務員級別、在組織結構中的位置、你回報的長官和向你回報的屬下。職位是超越個人的存在，指定你成為職位的暫時擁有者，這個職位在你來之前就存在，等你離開後仍然會繼續存在。這個職位讓你能夠為國家、公眾、教堂或公司服務，這種無關個人又牢不可破的實體，取代了先前永恆的非人類無形存在。擔任職位，就是要服務「高於」你自身的事務。

在辦公室裡的時候，你就是提供服務的人，因此《牛津英語辭典》對「office」的第一個解釋是：「為某人做事；一種服務、善意、關注。」接下來的解釋是：「對其他人的責任；一種道德義務。跟一個人的崗位、職位或工作有關的責任……」只有第八個解釋是「進行商業交易的場所……完成組織文書工作的地方。」在我們直接帶入第八個解釋後，有時候就很難想起第一個解釋了。

我意識到以前的收件籃是將辦公室工作視為服務的關鍵。（就生產效率的角度來看，會希望發件籃堆得高高的，因為那是創生型領導人的象徵，而收件籃必須保持淨空，只留下與每個特定職位有直接關聯的必要文件。）接收對管理層而言越來越不重要，最後終於被拆開來，化身成為卑微的接待員，他們的工作就是篩選來電和來電者，跟桌上的花瓶一樣只是個裝飾，以及確保管理層的生產力源源不絕地進入發件籃。「別打給我，我會聯絡你」成了生產力高者的口號。

不過，負責接待的工具，例如傳真機和等候室，都象徵著辦公室和職位「對其他人的責任」的這個解釋。我們藉由接納、聆聽他人的請求來提供服務。就算不按照別人的建議行事或遵循他人的要求，只要願意聆聽，辦公室和職位神聖的意義依然會存在。在象徵意義上成為自己的接待員會展現出「關注和善意」，也就是辦公室和職位最原始和深層的意義。

聲望的權力

當職位的概念失去了服務的基礎，我們就會看見求職者追求職位的附屬物，以及附屬物帶來的權力：聲望。而求職者，成為一群飢腸轆轆的人。其中一個人得不到想要的事物，就槍殺了詹姆斯・嘉菲爾總統（James Garfield）。還有一些人殺死了前同事和老闆、炸掉他們的工作場所。

心理學語言中的「聲望」是一種自戀的虛榮心——想要得到稱讚，以此支撐起一個人搖搖欲墜的價值感。在此特別提醒一下，聲望不是指值得受到稱讚或贏得稱讚，而是單純透過職位給予的外在認同確保一個人的價值。

在我們提出嚴厲的批判之前，必須先看看這種對受到他人賞識的渴望存在的共通性。只有孤獨的英雄，肩負使命、飽受折磨的上帝僕人，才能夠接下任務卻不要求得到表揚。他人的賞識是集體回饋的一部分。在某種程度上，我們總是別人眼中看到的樣子。權力的一大報酬，是來自我們自身之外。不過，聲望只是為了讓別人印象深刻，不是為了影響、主導、控制，或者擁有任何形式的能動性，除非能讓別人對他留下深刻印象。事實上，做某件事情失敗後隨之而來的風險，可能會打擊一個人的聲望，讓想要得到聲望的人不敢去做那件事。假如聲望成為行事動機，那麼實際去做的事情越少，就越容易成功，因為你不必冒任何貶損聲望的風險。為了維持聲望，衡量工作表現的標準變成了能否在重要場合中扮演重要角色。

所以，聲望是一種權力的空洞替代品嗎？或許我們根本不該將聲望納入討論。接下來，讓我們更仔細地檢視。

享譽盛名的法律公司、享譽盛名的藝廊或講座教授都擁有權力，所以權力是可以從聲望中衍伸出來的。首先是進入法律公司、在藝廊舉辦展覽、獲得講座教授的職位，接下來就能看著手中的權力逐漸成長。聲望的階級是：加入正確的俱樂部、在許多企業董事會任職、與正確的人交流、在重要的捐助者名單上留下自己的名字。這是邁向權力的道路。我在此要特別提醒一下各位：這些努力，與權力最直接的意義「完成工作的比例」毫無關係。事實上，可以不必完成任何工作。

當你為了升職和新的管理層職位面試他人時，假如是以英雄模式評斷候選人，可能會錯失一些有價值的東西。最棒的候選人，可能不是想扭轉局勢、整頓環境、掌控大局的人。另一個問起工作福利、同事是誰、何時能獨當一面的候選人，或許展現了一條獲得實質權力的顛覆性路線。透過展現權力來操控權力，這也是一種權力。這是聲望內在的祕密。

我們再一次發現，文字本身就洩露了這個祕密。聲望（prestige）一詞來自「*praestigia*」，意思是幻覺，像是雜耍表演者變出的幻象，從而衍伸出欺詐和行騙的含義。我們都擁有權力的錯覺，但是權力不是真實的；那不是魅力的魔法，而是操縱。所以如果想揭露聲望發揮作用的方式，就環顧一下哪裡出現技倆、欺騙、炫耀和附屬物，不顧一切抓住和把持職位的狂熱，還有算不上風險的風險。不過，一切都還是權力。

為什麼呢？權力怎麼可能存在於膚淺、又以自我為中心的謹慎心態中？一個沒有內在誠信的人，怎麼能擁有聲望？答案是：象徵職位的附屬物、領導角色、權威的立場——也就是戴著權力聲望的面具，就能運用面具的力量。

早期的洞穴壁畫、原住民臉部圖騰、希臘和日本戲劇，在在顯示面具能夠保有和展現實質的能動性。以聲望為動機行事的人有著虛偽的人格，而環繞他們虛偽人格四周的是面具的原型氣場。面具會呈現出超越人類的東西，上演更高層次的戲碼，激發更強大的力量。力量透過佩戴面具者的站姿、聲音和意見傳達出來，放大他的聲望、給予他重要性。在表面形象之下可能根本不存在任何人，或者只有個無力的喜劇演員扮演著奧茲魔法師（Wizard of Oz）；即使被人看穿或看透，他還是能保有僅靠聲望獲得的權力地位。

為什麼呢？雜耍者的技倆是什麼？獲得聲望的主要方法，不是模仿領導能力或權威，而是能敏銳察覺什麼事情、什麼人是重要的。有聲望的人憑藉著追隨風向、知道何時調整船帆、轉移重量、調轉航線、掌控大局，就能吸引追隨者。由於他們內在是空洞的，完全是受到外在力量的影響，因此能夠立刻感受到事情的重要程度。他會在談話中炫耀自己認識的大人物；她會不斷談論別人沒參加到的活動。他們會一直暗示自己有多麼了解所有事情，以及這些「重大事件」會發生在哪裡。

譴責聲望是虛假名聲的說法由來已久。西塞羅（Cicero）的《論義務》（*De Officiis*）提到一句可能是蘇格拉底說的話：「讓自己成為你希望別人看待你的樣子」（色諾芬（Xenophon），《蘇格拉底回憶錄 II》（*Memorabilia II*））。這句建言為聲望敞開了大門，因為這句話也可以如此詮釋：藉由扮演角色、戴上面具來尋求聲望。所以西塞羅也提出警告（雖然我認為可能沒什麼用），假如你以為「可以藉由偽裝、空洞的展示、虛偽的言論，或者裝出不真誠的表情來贏得永垂不朽的聲望……」，那就是「嚴重的誤解」。連古代的智者都可能誤判情勢，因為聲望不正是由這些操控的手段獲得的嗎？不過，在表象與欺騙之下，存在的是對重要性的超驗知覺。

展示的權力

由於聲望就是一種炫耀，所以精神分析學家經常從中看到暴露狂的性快感。變態心理學對暴露狂的定義是「不合宜和／或充滿衝動地展示生殖器」。第二層意義是「誇大付出的努力以得到他人的關注」。這第二層更廣泛的意義，表示整個人都成為被展示的生殖器，諸如貓王（Elvis）、米克．傑格（Mick Jagger）和瑪丹娜（Madonna）之類的搖滾巨星（或者反過來被去生殖器化的，例如麥克．傑克森（Michael Jackson）），因此令人著迷。

一個人可以藉由「誇大付出的努力以得到他人的關注」來把持權力，不放過任何一個炫耀自己成就的機會，例如慶祝活動、備忘錄、記者會、特別會議。他接下來會想到什麼！看她在大會晚宴上打扮成什麼樣子！真迷人！

儘管變態心理學會將炫耀貼上「不合時宜」、「衝動」和「誇大」的標籤，其中一種原型心理學的觀點卻認為，迷人的展示具備的性氣場實際上屬於權力。

法西努斯（*fascinum*），是古羅馬人表示陽具的名稱。而法西努斯主要是指生殖器形狀的護身符，用來避邪和驅除霉運。流行音樂演唱會上帶有性含義的手勢，展現的可能不只是台上明星的個人衝動。那些手勢可能也展現了性的力量，驅除壓抑情色帶來的邪惡，因為這種壓抑會阻止政體獲得生殖器的力量。虛偽、審查和「冷靜」，將我們的肉體隱藏在集體政治正確扣得緊密得當的襯衫內。

怕熱就別進廚房——這是白宮為承受權力帶來的壓力所說的標語，其實可以換一種說法：假如你無法以炫耀性快感自豪，那麼就離開鎂光燈下。

任何一種權力姿態——職位、領導能力、權威、聲望——都會散發出能力高超的氣場：看仔細了，我是個有能力的人；我肩負重要的工作。如果炫耀能力是權力的一種，那麼其中一種獲取權力的方式，就是採取生殖器化的行為。這或許可以說明某些職場性騷擾行為發生的原因。性展示也存在於當代職場的權力範疇、權力結構和權力氛圍內，尤其是在以控制的壓抑涵義來定義權力的情況下。

接下來，我們必須做個重要又明確的區分。暴露狂，不應該侷限在與生殖器有關的意思。性展示，只是一般動物展示行為中的一種特定形式。對動物而言，展示行為本身甚至比性展示更重要（以較「高等」的動物來說，只會在特定季節進行性展示，因此比較不頻繁）。即使是構造最簡單的海洋生物，也會展現天性；從哺乳類動物蹣跚無助的生命之初開始，牠們的色彩和型態、毛皮和吼聲，在在展示了自己的種類。打從一開始，生命就是在展示、炫耀。

我提到的「展示」，不僅是動物為了引誘、威嚇、保護和標記地盤而做的複雜展示行為。著名的瑞士生物學家和自然哲學家阿道夫・波特曼（Adolf Portmann）認為，動物的自我展示與自我保存同樣重要。因為我們接受的教育，就是將動物放在競爭資本主義資源稀缺和掠奪捕食的框架下，所以我們只看到牠們行為的功能面向。然而波特曼不同意這一點，他堅稱展示行為不能化簡到只有單一功能，例如在特定情況下化簡到僅僅與性相關。每一種生物炫耀自己時，都不會有其他目的，就是為了展示自己（例如某些鳥鳴）、展現自己的基本能力，或者只是為了自己高興。以我們人類這種動物而言，這表示暴露狂不只是與性有關的舉動，更是展示一個人內在的天性。這個舉動展示了一個人的權力：你呈現的樣子展現了你的本質。

也許這也說明了，為什麼《聖經》裡的亞當（Adam）一開始就知道所有動物的名字。動物以走路和奔跑的姿態、身上的條紋和鱗片，擺弄精緻花俏的頭部和臉上的斑紋，同時炫耀有著複雜花紋、散發著氣味的背部和甩動的尾巴，藉以向亞當展示牠們的身分。牠們向亞當說著，我來了，看看我的身體；看看我的力量，這就是我名字的由來。

就連我們人類這種動物也會被迫展示自己，即使不用袒胸露臀，也會透過服飾、辦公室裝飾、髮型、信紙、汽車種類、手勢、禮儀、演說、香水、指甲、鞋子，還有個人成就來展示自己。看看我的力量，這就是我名字的由來。不論如何精心轉化，權力都會展示、炫耀自己。權力似乎自得其樂，也給擁有權力的人快樂。藉由炫耀產生性吸引力。但是我要重申，性吸引力不是炫耀的根源。更廣泛的展示方式，存在於我們深層的動物天性中。

我們還得再一次做出區別，因為不是所有權力都會被迫展示自己。我們得區分權力的展現，以及權力的祕密行動。幕後的權力掮客；在雪茄煙霧繚繞的房間裡瓜分地盤的拉票黨工；周旋於軍火業、古柯鹼工業和外交政策中的無名商人。展示，不是衣帽間的權力、偏執狂的權力、高爾夫球場的權力、遮掩的權力。展示，是公開坦然地炫耀下體的股囊、胸前的乳溝，還有讓臀部變得豐滿的裙撐。伴隨這種權力而來的是高級時尚與昂貴奢華，這種優雅總是伴隨著海盜、軍閥、拳擊手、一流賭徒、天后、交際女王和王后出現。這是一種炫耀宮殿、佔了一整個街區的褐石造豪宅、長長的豪華禮車、衣冠楚楚的僕人與保鑣的「暴露狂」。我知道我是誰，你看到我是誰後就知道我是誰——這很令人興奮。如此吸引人不是因為性感；如此性感是因為展現出可以抵擋霉運的權力與力量。也許個人展示主意抗爭所剩下的，就是隱藏起來的吊襪帶和大膽的襪子，或者維多利亞時代的內衣背心。在有著矽谷風格的新興公司裡，漠不關心成為每個人必有的禮節，從反面印證了我的論點。不論管理嚴格、嚴厲，還是明快、鬆散和輕鬆，組織都有一個型態，而組織對成員部分的控制，就是受到他們展示的風格所影響。

目前職場上的無性別差異行為慣例（或許這不是新的慣例，只是原本那套英雄清教主義再次循環回歸？）堅持權力的情色面向，必須在參議院辦公室、軍官餐廳和行政俱樂部等權力場所中被徹底壓制。這種壓制，其實是混淆了權力的性展現與性騷擾的權力，後者指的是以性欲為目的或提出性要求來騷擾下屬。但是，真正罹患暴露症的人不會要求後續動作。他們不會為了性要求而騷擾被害者。他們只會說「看我」。暴露一下，然後就離開。

我們現在先設想一下，假如利用官僚主義和法律主義的正確性，壓抑一個人以動物天性展示權力，而不是根除性騷擾，那這樣的作法可能反而會助長性騷擾。如果將必然帶有性吸引氣場的自我展示，解釋成自我暴露，那麼一個人怎麼會在「老大哥」的監看下炫耀自己？老大哥會盯著看——他不是深受著迷的偷窺者，而是麻薩諸塞灣殖民地（Massachusetts Bay Colony）總督的幽靈，一個如影隨形、始終無法安息的美國清教徒。或許窺淫癖（等同於暴露的樂趣的觀看樂趣）、異教徒思想和建立於辦公室正規程序下的壓迫感，都是硬幣的同一面，而另一面則是那個總督的幽靈。如果權力展示淪為與性相關的暴露狂，那我們就都得去里昂比恩（L.L. Bean）買耐穿的服飾，因為他們在消除情色暗示方面做得無可挑剔。但是審查和政治正確是沒用的，因為佛洛伊德很久以前早已說過，被壓抑的總會反彈，而展示的衝動會以更直接的性要求來騷擾我們。理由有二：首先，因為某些類型的權力就是喜歡炫耀；其次，性雖然不是權力展示的基礎，卻仍然是對權力著迷的基礎。

野心的權力

即使招募人員都想招到野心勃勃、希望步步高升的社會新鮮人，但一般而言，人們只要對於工作職位或取得任何形式的權力流露出渴望，多半會遭到譴責。野心的定義是「目標超出可及範圍」和「超出能力範圍的抱負」，帶了點挖苦的涵義。或者是定義為驕傲自大（hubris），這在古希臘時代可說是最糟糕的缺點。僅憑著自己的能力就驕傲狂妄；不需要眾神幫助、不需要導師指點，這是悲劇作品和英雄史詩齊聲譴責撻伐的野心。古柯鹼、興奮劑和幫助肌肉生長的類固醇，都是我們這個世界野心狂妄的實例，在在顯示了提升的表現遵循著真正的神話模式——非比尋常的崛起和毀天滅地的衰落。所有經典故事都告訴我們一個道理：謹記永生者（這是古希臘人對眾神的稱呼）對凡人設下的限制。

有一首西非傳統歌謠告誡我們：

不要追求過多的名氣，
但是也別追求沒沒無聞。
要驕傲，
但是別讓世界記住你的事蹟。
必要時脫穎而出，
但是別超越整個世界。
很多英雄尚未出世，
而很多英雄早已逝去。
活著聽見這首歌便是勝利。[3]

這個務實的建言警告著想爬上天堂的人，他們的嘗試只會讓自己墮入地獄。遵循現實世界的限制。驕傲地活著，已經夠有野心了。

不過，如果我們搜尋「野心」（ambition）這個字，將會發現一些有意思的特性。「Ambit」的意思是巡迴、圓周、範圍。「Ambition」是指完整的範圍、一整圈、徹底和圓滿。古羅馬的「*ambire*」是指競選公職的人四處走動宣傳、為自己拉票，由此衍伸出第二個意思，那就是拉客、奉承，因此可以將有野心的人狹隘地稱為謀求職位的人。但是從更廣泛的意思來看，四處走動就是填補一個人的活動範圍，一步一步測量出個人領域的大小（這可以連結到「ambulation」，也就是步行）。野心讓一個人走到自己的限制邊緣，這正是字典的解釋。

常言道，有野心的人對權力有「食慾」。孔武有力的神話人物，例如北歐神話的巨人或希臘泰坦神，還有童話故事和迪士尼卡通裡的大怪物，以及法國作家拉伯雷（Francois Rabelais）筆下龐大無比的巨人卡岡都亞（Gargantua，又譯高康大），都擁有驚人的大食量。他們想要世界上所有東西。我們對食慾的普遍概念，已經減少到只有飢餓和口渴這種一般的驅力，所以這個詞彙讓人產生了體重過重和飲酒過量的恐懼。然而，食慾的基本概念告訴我們，野心的追求和慾望都存在於「食慾」（appetite）一詞本身，這個詞彙來自拉丁文「*petere*」，翻譯自希

3 「老歌」，取自羅伯特・布萊、詹姆斯・希爾曼和麥可・米德編纂之 *The Rag and Bone Shop of the Heart*（New York: HarperCollins, 1992），第四百九十八頁。

臘文「*orexis*」（「anorexia」則是指厭食、毫無食慾）。「*Orexis*」的意思是慾望、期盼、渴求，其字源「*oregein*」是指用手觸及、伸長手指抓取。

如果我們更深入探索，將會發現一件奇怪的事：「*petere*」，也就是食慾，與希臘詞彙「*ptero*」同源，這個字指的是鳥類的翅膀，而翅膀與人類的手指屬於同源構造。詞源學指出，我們藉由自己的創造和行動，以手中的想像力飛翔（也就是權力的第一個解釋，能動性）。野心展現的食慾讓我們飛離地面，帶著我們來到最遙遠的可能性邊緣。那麼，也許藉由節食來控制食慾就是一種毫無想像力的科學手段，目的是收起慾望的翅膀和野心的力量，以符合清教徒式束腰的正確比例。我的意思是，控制食慾是潛意識中控制野心的替代品。是對飛行的恐懼。

所以野心的真正意義就是冒險，勇往直前！在你走得太遠，遠到大家都說你好高騖遠之前，沒有人會事先知道邊界有多寬、野心能帶你走多遠。就是這樣充滿風險的極端情況，讓我們一面譴責人們的野心，一面卻又讚美藝術作品或政治方案中的野心。有野心的意圖就是渴求，他會給自己設立很高的標準，接受必要的風險。周遭環境、其他人、事物的頑抗性，還有命運女神，都為野心設置了限制。我們假裝野心是致命的人格缺點，認為那讓人無法正確估算本來可以預見發生的事情。這些事後才發出的警告，完全將野心歸因於個人，彷彿那是可以控制的特質，然而最關鍵的，其實是野心懷著雄心壯志往邊緣前進的本質。邊緣的另一頭完全無法預測，而野心走得太遠是受到最核心的本質驅使。以意志力和強烈的自制力作為遏制手段達到自我限制，會錯失野心必須超越良好判斷、冒險挑戰不可能的內在感覺。要超越，就得冒著野心過大的風險。誠如詩人威廉·布萊克（William Blake）在《地獄格言》（*Proverbs from Hell*）中所言「你知道什麼是過度之後，才會知道什麼是足夠」，還有「追求過度之路通往智慧之宮」。

名聲的權力

美國第二任總統約翰・亞當斯（John Adams），一個能幹卻有些謙虛和固執的人，承認自己「有著想脫穎而出的熱忱」。這就是他的動力，他具備想獲得賞識的野心。套用更現代的語言來說，「有著想脫穎而出的熱忱」就是名氣。誠如多年前一本小說的書名《名氣是馬刺》（*Fame Is the Spur*），即使如安迪・沃荷（Andy Warhol）所說的只有十五分鐘的名氣，還是能成為動力。

「名氣」有著豐富和知名的歷史。古羅馬對於「*fama*」的理解，首先是指「眾人的議論」，人們的街談巷議、流言蜚語，傳統上對人物、地點或主題的討論。第二個衍伸的意思，是以公眾輿論作為衡量品性的客觀指標，品性好的人會聲名遠播，品性差的人則會臭名遠播、聲名狼藉。隱身在變化無常的名氣、公眾輿論的高低起伏背後的是菲墨女神（Fama），名氣的化身，「腳步敏捷、無所不知，在前進的過程中不斷成長」。誠如詩人維吉爾（Virgil）所言，她以極快的速度往前奔跑，身軀逐漸變得像怪物一般龐大，尤其在晚上成長得更快。她全身覆蓋著羽毛，以及數不清的眼睛、舌頭、嘴巴和耳朵——這些都是謠言傳播的必備之物。

菲墨女神在文藝復興時期成為「名聲」（reputation），在動機的心理學中扮演舉足輕重的角色。我們從文藝復興時期義大利令人讚嘆的人物，以及莎士比亞筆下，擁有同樣驚人特質的角色身上，發現了名氣／名聲成為最需要顧慮的事物。他們堅稱必須時時將名聲納入考量——透過榮譽的行為拓展名聲，以及保護名聲不受詆毀。一個人絕對不能忘記名聲敗壞導致的身敗名裂，這種身敗名裂不只關係到一個人的職涯，更會影響到他的同事、團體、家人、朋友和城市。

尤其是城市，也就是共同利益，不論指的是一片土地和上面的居民、一間銀行、法院和大學之類的公共機構，或者是嬌生公司（Johnson & Johnson）和雷諾菸草（R. J. Reynolds）這種大型公司。在莎士比亞的《理查二世》（*Richard II*）（第二幕第一景，第五十五句），剛特說了一段歌頌英格蘭的名言：「這福地、這國土、這領域……這塊孕育著許多偉大靈魂的國土，這一塊可親可愛的國土，這可親可愛、揚名海外的福地。」國土的權力與名聲息息相關，如果名聲敗壞，權力也會隨之瓦解。

四百年後，莎士比亞筆下國王與女王的高雅語言，便成為了維護形象而大肆渲染炒作的語言，廣告商用來保護你的形象、保護總統和國家形象的陳述之詞。我們在別人眼中是什麼模樣？民意調查結果如何？他們投入數量龐大的金錢和人力，讓形象隨時保持精緻完美。名聲的汙點，甚至會降低你的信用評等。

莎士比亞的《奧賽羅》（*Othello*）（第二幕第三景，第兩百六十二句），提供了一個更個人的又痛苦的例子。奧賽羅的副官，「良善」、「真誠」、「英勇」的卡西歐（Cassio）（後來遭伊阿古（Iago）欺騙和操控），在最絕望的時刻高喊著：「名聲、名聲、名聲！唉！我失去了我的名聲！我失去了生命中永生不死的部分，剩下的就跟禽獸沒什麼分別了。我的名聲，伊阿古，我的名聲！」

卡西歐說的話提供了一點線索，讓我們更能理解約翰．亞當斯「想脫穎而出的熱忱」目的為何。名聲，指的是靈魂中永生不朽的那一部分，尋求從沒沒無聞之輩竄升，讓全世界所有人都看見。貧窮卑微的出身、受盡壓抑和虐待的童年、在人前出醜，按照卡西歐的說法，這些事情都會讓靈魂受困在禽獸的世界。這裡的「禽獸」單純是指未受啟蒙、深陷混亂的本能習性中，沒有得到天使的救贖。一個人的名聲，會影響他的天使。天使是每個人與生俱來的一部分，雖然是無形的，卻會伴隨我們一生。這個天使會隨著我們的行為昇華或敗壞，隨著我們的名氣改變上升或殞落。卡西歐哭喊著自己失去了天使，以及他很有可能因此失去的靈魂。如果天使殞落，靈魂可能會失去救贖的機會。我們可以看到對名氣的追求和對名聲的顧慮（即使只是在履歷上增添另一筆微不足道的事項），是來自深層的精神泉源。因為名聲表示卑微的人生得到救贖，那麼對脫穎而出的熱忱就是天使的呼喚，因為天使將得以上升到光明之中，而鎂光燈也算是一種光明。

我所說的這個與生俱來、一直祕密陪在我們身邊的「天使」，就是蘇格拉底所言能夠阻止他做錯事的代蒙（daimon，或譯精靈）。同樣的形象也出現在德國，那就是分身（Doppelganger），還有古代思想中的「守護神」（genius，另一個意思是天才）。我們以吃蛋糕、點蠟燭慶祝生日是源自一項儀式，只是慶祝的對象不是你，而是隨著你一起誕生的守護神。你從來不是天才，永遠無法成為天才，但是有個守護神指引你、保護你，而你的人生必須受到引導，才不會摧毀守護神。名聲受到傷害而對守護神造成的損害（卡西歐使用的詞彙是傷害，剛特使用的詞彙則是羞辱），尤其會反映在家庭上，因為守護神一部分是來自家庭，而且是在婚姻床（*lectus genialis*）上產生的。你的守護神或天使，隨著你一起孕育而生，透過誕下你的人降臨到你身上，像一個看不見的雙胞胎與你一起出生，是你獲得的心靈遺傳的一部分。

以現代的話來說，假如形象受挫，不是只有你會受到影響，還會影響你的追隨者、同黨、徒弟——也就是曾經算是你的後代和家人的人。形象受損也會影響你的保護者、導師、出資人，那些在背後支持你，曾經被稱作我們的守護者祖先的人。每一個人作為這些力量的焦點，都是一根權力的支柱，藉由與內心的天使保持一致，奮力保護形象完好無缺。「忠於自己」，這是被哈姆雷特（Hamlet）一刀刺死的老人說出的建言，諷刺地凸顯了哈姆雷特是如何忠於自己的瘋狂。「真我」，就是我們現在對天使的稱呼。我們將這個稱為「真我」的天使，隱藏在內心私人的領域，隱藏在外表之下，讓我們的外在形象和名聲成了一副面具，或者是心理學所說的人格面具。根據心理學的說法，人格面具絕對不是真我。面具，只是適應社會制度的一種模式，只是一個角色，不是內在真正的「我」。

這種看待形象的私人思維，將我們實際做的事情，與我們認為內在真正的自己劃分開來，所以我們會忘記理論上看起來膚淺的人格面具，是實際上真正的你呈現給外人的樣子。堅果的外殼和果殼跟果仁一樣，都是組成完整堅果的重要部分。而堅果的價值，是來自社會對堅果的欲望。良好的堅果就會有良好的名聲，至少其中一部分的價值是取決於公眾輿論。假使堅果只仰賴自己，不管果仁再怎麼甜，堅果都只能掛在樹上漸漸腐爛。哲學家柏克萊（George Berkeley）說過：「存在就是被感知。」貶低社會感知到的面孔，覺得自己比在外流傳的名聲和「他們所說的樣子」更好，展現了對他人評價的不屑一顧，也是對天使的輕蔑，因為天使不只存在於你對自己的看法中，也存在於你與其他人的互動中。如果堅稱天使只存在於果仁之中，就會難以「用他人看待自己的眼光來看待自己」。

公眾輿論可以操控，公關高手可以扭曲形象，真我被縮減成一小段政治金句——不論如何，民意調查的結果與你真我的價值是緊密相關的，正如同你家人對你的看法，和你對自己的看法其實很接近，不像我們自命不凡的獨立心態所以為的那樣遙遠。你的守護神也是他們的。你的天使不是只歸你所有。從樹上掉下來的蘋果不會滾得太遠。

所以奧運選手獲得金牌後，會在電視上說「媽媽，我在這」，再向爸爸揮手；所以當選人會在慶功宴上感謝家人並帶他們上台；所以他們會說：「我的一切都歸功於家人。」他們說的不單純是家人，而是守護神，那個給人想脫穎而出的熱忱，將我們從禽獸般沒沒無聞的黑暗世界推到鎂光燈下的指引天使。讓我們得到救贖，即便只有十五分鐘而已。

影響的權力

從某方面來說，影響力可以流入其他人的生命，不需要直接命令他人臣服，就能培育和孕育組織。但是另一方面，影響力可以是指藉由鼓吹、獎懲和操控來祕密地滲透他人。這兩個非黑即白的例子，都將影響力視為活動。你受到我的影響；我在高層有影響力；我很感謝你影響了我的職涯，讓我朝正確的方向前進。

還有一種影響力的概念，可就沒有這麼積極主動。我們只要堅守職位、原則，讓周圍的一切都必須將我們納入考量，就會變得有影響力。你的影響力是好是壞不再是個問題，重點在於能不能在事物穿透和圍繞你時，單單憑你的存在就對所有事情發揮影響力。就好比河床上的一顆石頭，即便石頭一動也不動，還是能夠影響河流的流向。河流必須將石頭納入考量——繞過、經過、加速、減速，正是因為有一顆固執的石頭存在。石頭不會操控河流，或者說服河流接受自己的意識形態。石頭完全沒有操控任何事情，只是說道：我也在這裡。

這或許能有效地解釋，為什麼有些人輸掉鬥爭後不選擇辭職，而是頑強地死守自己的職位。我想像自己是河床上的石頭時，水流總是從我身上經過，但是不會把我沖走。面對排山倒海而來的事件時，我總是敗陣下來，屈服於優勢的積極力量之下。但是當洪水退去、乾季來臨時，我依然還在原處，屹立不搖。我死守自己的地盤，我就是我的領域。我不會放棄我的職位，因為我聽從天性，知道我的權力在於更深的河床底部。唯有持續深掘（而不是適應）和讓我的地位變得更重要，才能確立我對整個環境的影響。

亨利．亞當斯曾經提出一個更加啟發人心的影響力概念，這位氣度不凡的長者曾說過：「對於最高層次力量十分敏感的人，就是最高層次的天才。」此處提到的影響力，談的不是我對你或你對我的影響力。此處的影響力指的是接受暗示的能力，接收「最高層次力量」的能力。但是，那些力量是什麼？他們又是誰？董事會成員、參議員、還是腰纏萬貫的遊說集團？或者是古代哲學家的作品，出現在夢中的訊息？

如果想要接受亞當斯所說的影響力，首先得釐清你認為的「最高層次力量」

是什麼，其次是精進你的敏銳度，如此才能過濾所有接收到的訊息。古代神學家將這種過濾稱為「*diakrisis*」，意思是辨別神靈。他們認為你如果沒有辨別力，就會受到邪惡欺騙。辨別力讓你更理解這些力量，可以明白他們字面意義之外的隱喻涵義，你就不會成為你的導師的傳聲筒，或者幫忙傳播偽裝成天賦的不切實際的智慧。

抵抗的權力

我們剛剛描述的影響力概念，可以輕易連結到另一種權力，那就是抵抗。如果沒有抵抗，從屬關係將不成立，因為沒有可以壓制的對象。意志力必須與其他事情產生碰撞，對其他人事物發號施令。權力最簡單的概念就是，完成工作的過程中會遇到抵抗。在熱度、電力和精神分析學中，克服和減少抵抗是至關重要的概念。抵抗力作為施展權力的對立面，似乎讓權力成為可能。我們討論控制時就看過這個概念，「*contra rotullus*」，意思是阻止惰性滾動。少了反對力量抵抗的權力，就會變得像它竭力反對的惰性，形成不受阻礙、毫無張力的擴張，不帶任何意圖地順勢蔓延，漸漸延伸累積成一灘死水，這幅畫面就像一個怠惰的暴君，在歡樂宮裡枕著鬆軟的枕頭，克服了所有對全權專制的抵抗。

所以革命真正追求的不是烏托邦，而是追求永無休止的革命，革命與反革命勢力之間持續不斷的鬥爭，是讓革命得以持續的頑強反抗力量。

除此之外，抵抗似乎像電線一樣貫穿整個宇宙。萬物似乎都想待在原地、維持原樣，是什麼就是什麼。這曾經被稱為形式因，也就是核心的本質，給予萬物存在的內在力量。世界似乎喜歡維持現狀；世界會抵抗改變，儘管神祕主義者說改變是唯一的真理，而核子物理學家說所有固態物質中都存在不斷起伏、毫不穩定的波動和粒子運動。根據哲學家斯賓諾莎的說法，實體依其意志而持續存在；抵抗存在於本質之中。根據哲學家柏格森（Henri Bergson）的說法，任何事物要存在都必須經過時間的考驗。必須以某種方式保持一致。「相同」，是存在的重要範疇之一。證據就是你的人生。你一方面能夠察覺十年來所有的改變和不同；另一方面，你還是會感覺到自己的個性、本質、行事作風始終如一。新工作、新想法、新城市——每一件事都不一樣；但是，見到你的父親或前任伴侶就會發現，你始終沒有變，一切如舊。

匿名戒酒會復原小組（AA Recovery Groups）讓我們知道，改變一個習慣要花多少力量；正如把一鏟子的土從這裡移到那裡，也是需要力量。難怪權力最簡單的定義就是完成工作。工作如此困難，需要花費如此大的力量，就是因為抵抗。

這就是為什麼改變這麼難以發生，真的發生改變時才會讓人覺得像奇蹟。這也是為什麼快速的改變會啟人疑竇，除非抵抗的模式出現變化，不然改變就像是粉刷牆壁的石灰水和貼在牆上的壁紙，下方的石牆仍然困在靜止之中，而且不想改變。

本質上，也許處理任何事情，不管是一件工作、一個人或自己的人生，都必須面對事物與生俱來的抵抗性，而我們會嘗試運用任何一種權力手段：影響力、專制、說服、恐懼、控制。經理得克服員工的抵抗，頑固地接二連三出現的麻煩事，拘泥於相同形式的銷售部門，還有消費者對產品本身的抵抗性，更不用說還有他自己的惰性。每一個階段都會遇到抵抗，有某個想維持原樣的東西存在於每個系統中。

當我們捍衛自己的地盤，變得像騾子一樣倔強，不願意遵循新的規範時，其實是整體的模式都面臨了大事，而不再只是個人的固執。以整體系統而言，毫無障礙地適應規則或許是比較好走的一條路。不過，認為順利運作就是系統最棒的運作狀態，其實是個過於簡化的思維模式，這就好比是認為理想的父母不會給孩子麻煩這種幼稚思維。權力想要麻煩；各種力量碰撞而成的權力，享受不願屈服的不甘情結、不肯適應的團隊成員、挑戰家長決定的叛逆兒子。這些要素存在於所有系統中，為整體的權力服務，讓權力維持在高張力的狀態。在所有系統中，不論是企業、家庭或人類心靈的內在結構，相較於乖順地說「好」，為了全體的福祉而激烈地說「不」，更能造福整體，提升系統的權力。

領導的權力

當我們描述領導能力時，經常會用動物的行為模式來比喻，其中最廣為人知的說法就是「社群首領」（alpha animal），憑藉著與生俱來的精明、體型和力量，率領群體的大型雄性動物。不過，從農舍和大學實驗室中的觀察來看，首領不一定都得是雄性動物。母雞可以殺死公雞。這種社群首領模式仰賴權力的主導概念，忽略了事實上雌性動物展現的「領導」方式達到數十種：年輕的雌麋鹿會跳舞吸引公麋鹿的注意，加入牠的群體；雌鱷魚會拒絕其他鱷魚的追求，自己選擇伴侶；母獅會結伴打獵，一起殺死獵物；母牛夏天時會帶領牛群走到高山坡上的草地。所以在我們開始談論之前，請先捨棄最大、最勇敢、最強壯的個體才是領袖的既定印象。

不過，我們看大自然相關的電視節目時，還是會傾向於認定第一隻找到屍體的禿鷲，還有擊敗年輕挑戰者的大公狼就是領袖。受到這些畫面的影響，我們會忘記自己看到的不只是動物；我們被寫進一個符合人類經濟哲學的特定敘事，因為比起電視上的動物，人類更像是節目中的主角。從《伊索寓言》（Aesop's fables）到迪士尼卡通，動物很容易成為人類想法的範本，而大自然相關節目傳達的訊息，或許更貼近一九八〇年代影集《鷹冠莊園》（*Falcon Crest*）和《朱門恩怨》（*Dallas*）呈現的「本質」（nature），而不是真正的弱肉強食叢林法則或野性的呼喚。

我們從電視上看到的動物節目提煉出領導的概念：權力是獵食、競爭、永遠存在的危險（疑神疑鬼）、性宰制和性擁有、威脅和警告、焦慮和壓力、在充滿敵意的環境中只有適者能生存、稀缺性。如果沒有旁白，我們可能會「聽見」另一種故事：關於合作、遏制、遊戲和適應，甚至是愉悅和美麗。我們會看見領導能力符合、**遵循**群體的固有意志，而不是試著主宰整個群體。

每個文化都會從動物身上看見自己的神話。歐洲中心主義人類學家為澳洲和非洲部落信仰所寫的報告，能夠清楚說明這個思維。想要從我們自己的動物行為報告中看見神話，可就困難多了，因為我們稱之為「科學觀察」。我們認為自己看到的是事實，但是事實的排列方式會呈現其中的概念，而事實和概念都遵循神話的網格，當我們觀察那些無法用我們的語言溝通的對象，例如小寶寶、外國人、瘋子和智力障礙者，還有動物時，神話的網格更為明顯。然而，有多少關於人類「真實本質」的想法，是來自這些狂野的推測。下次在電視上看到自然相關節目時，可以試著關掉聲音，看看那一幅幅畫面讓你產生什麼想法。

雖然我強烈的反駁，而且這個反駁可能會讓我這一段言論變得無效，我還是想用動物作為比喻，說明領導能力是天生、不需要學習的權力——「天生的領導者」。有些賽馬不會讓其他馬超過牠。提供戶外騎行的馬匹，必須按照特定順序前進，不然某幾匹馬總是會不願意跟隨指令，有些馬則會咬住前一匹馬的尾巴。有些小貓即使一開始長得很小，還是會搶先擠到乳頭旁邊。事實證明，牠們都是更有好奇心、更愛冒險，或者更急著滿足口腹之慾的個體。領袖會無法抗拒地挺身而出，或者被其他憑藉直覺辨認出領袖的人推出來，服從「啄食順序」這個階級結構。

動物特別能夠清楚展現那種憑著一個動作就統一想法和行動的領導特質。

我對動物智慧的概念是視之為一種行為，而非一種反應。我認為動物不會發生哈姆雷特的致命缺點——意志的「決心的熾熱光彩，被思前想後的顧慮蓋上了一層灰色」。如同哈姆雷特，我們這些文明的人類，會因為想法和行為分歧而受到折磨——事後對考慮不周的行為後悔不已，還有因為過度思考而無法下定決心，浪費了所有能動性導致的一事無成。

管理層採取的理智計畫週期，在參與、反思和重新參與之間來回擺盪，一直持續下去。我們接受的教育是要從行為中的錯誤學習，也就是漸進式改進的嘗試錯誤機制。就連深度心理學都接受思想與行為分開的概念。我們帶著昨天的行為到治療師的辦公室不斷反思，然後提前反思明天的行為。

法文有一句精闢的片語，詮釋了這種分裂帶來的不快：l'esprit de l'escalier，階梯的幽靈，指的是你一離開房間走下階梯的瞬間，就想到如果還有機會，自己應該做什麼、應該說什麼、可以做什麼，可惜的是一切都太遲了。思考和行為不同步。維多利亞時期（Victorian）的英語稱之為「事後之明」（afterwit）。人生的整體目標，無非就是學習禪學大師或動物的模式，克服這種哈姆雷特式的分裂。

松鼠跳躍、貓咪猛撲、老鷹翱翔和盤旋後向下俯衝，動物的感官能在這個情況下獲得所需的精確資訊，瞬間做出思考和行為。牠們的反射動作多於反思。領袖擁有的動物感官，能夠以貓和鷹高度集中的注意力來解讀情勢。

因此，領導能力需要的可能不只是一般的決斷素質、聆聽和協調各方的能力，以及做出冒險行為的勇氣，再加上我們從童子軍手冊和管理教科書上學來的所有道德德行。這些特質都沒有錯，但是領導能力的本質，似乎更有可能存在於一舉擊敗哈姆雷特幽靈，也就是階梯幽靈的能力。而領袖的權力會存在於行為智慧中，其定義是精確敏銳並能立即連結到反射性反應的注意力。因此所有追求領導能力的人，透過打籃球或飛蠅釣魚所學到的，遠比在商業學校來得多，因為最大的挑戰，就是越來越接近我們懷抱受傷「內在動物」（而非受到虐待的「內在小孩」）的哈姆雷特文化持續分離的兩大力量：思考和行為。

最美好的行為或許是對行為的反思。這是道家、印度教《薄伽梵歌》（*Bhagavad-Gita*）、耶穌講道和保羅書信（St. Paul's letters）給我們的教導。在行為前後進行反思，也是心理治療做的事情。所以，我在一個反射瞬間將兩者合而為一的模式，對許多傳統思想來說是異端。這個模式也很危險，因為突然出現且自稱是真實反射動作的動物行為，可能只是要遮掩未經修飾的衝動，將其合理化為本能。不是每一個未經過事先規劃突然做出來的行為，都跟松鼠跳到另一根樹枝上一樣。松鼠跳躍之前，是考量過整個環境情勢的。牠跳躍之前看似沒有先看一眼，但其實是察看和跳躍同步發生。未經事先規劃的行為或許是領袖的特徵，但同時也是一把雙面刃。毆打、強暴、酒吧打架、自殺和謀殺，有時候就跟跳進冰封水池拯救小孩一樣，是一種自發行為。

領導能力的奧祕，或許與英雄氣概、野心、影響力，甚至是眾人認可你的能耐和判斷而產生的權威沒什麼關係。你可以有權威，卻不是領袖，「隱藏領袖」一詞就展現了這種區別。組織或會議中的隱藏領袖不會制定議程、強迫決策或執行計畫。儘管隱藏領袖的權威會讓討論朝著明顯的方向傾斜，他卻不是主導大局的人。

隱藏領袖最有價值的特質，也是一種動物特徵。他就像鯙鰻一樣，躲起來觀察並等待最佳時機，也就是希臘文的「*kairos*」。根據馬基維利的說法，唯有在一個必能成事的有利時機，也就是「*occasione*」，領袖才能掌握命運和運氣的複雜因素。如果要實踐領導能力並保證在所有情況下都擁有權力，辨識最佳時機的能力便至關重要。在任何會議上，扭轉局勢的往往是精準的介入時機。隱藏領袖不只會不動聲色，他還能預測風向，感知到無形、隱藏的事物，這是滿腦想著議程和自己職位的總裁和主席無法察覺的。大公羚能在其他羚羊察覺危險的前一瞬間警告羚羊群，因為牠對隱藏的事物有所警覺。

既然我們說領袖是天生的，不是後天塑造的，他們可能會未經考驗就站上領導之位。他們可能毫無功勳建樹，沒受過任何獎項肯定。他們可能沒拿過象徵最高榮譽的藍絲帶獎。童話故事中的傻子、小裁縫、跛腳士兵、沒有手的少女、三姐妹中軟弱的小妹和被遺棄的孩子，還有老電影中踟躕不前的吉米・史都華（Jimmy Stewart）、纖細敏感的亨利・方達（Henry Fonda）和簡樸內向的賈利・古柏（Gary Cooper），他們的故事和電影都展現了，領袖可以是謙遜、彆扭、猶豫、孤僻，甚至是恐懼的。但是，他們還是能應情勢所需挺身而出。正如同動物的天生釋放機制，領導能力也可以在情勢所需時展露出來。一個人臨危不亂、挺身而出，團體就會追隨其後。那個人會解開謎團，解決全體面臨的危機。獨自騎在馬背上的男人和住在塔里的睿智公主都不是領袖，因為他們沒有所屬的群體，沒有服務任何追隨者。

這個領導概念或許是激發野心、要求職位和抵抗遷就的祕密推手。這個概念存在於馬匹和小貓的天性中，而且終究會展現出來。如果不允許展現這種動物式的動力，如果環境沒有提供適合的情勢，受到挫折的驅力就會轉變成附帶收穫（secondary gain）。我們會嘗試尋找替代品，由聲望、恐懼，或「太好所以不能挺身而出」的高傲純粹主義所形成的虛偽領導。對某些人而言，領導的機會可能來得太遲或根本沒出現過，而錯過這種必要的實踐動物功能的機會，對老年生活造成的痛苦，可能勝過所有失敗和過失。

儘管我以動物為隱喻解釋領導能力的本質，還是別忘了領袖是概念的體現。魅力的祝福或詛咒，或者是果斷的本能保障，都不能保證領袖得到達成實質成就必要的追隨者。最終，給予一個人領導權力的，是體現遠見、不畏理想的能力。

很多人擁有強大的人格特質，但是很少人能展現和表達出理想。正是領導能力的概念超越動物反射行為的基礎，確立心靈的第二個精神基礎，也就是心靈需要理想化和想像遙不可及與美好的事物，讓自己著迷於遠景。理想主義本身是一股龐大的力量，能夠組織所有人民、整個大洲，假如出現諸如玻利瓦（Simon Bolivar）、列寧（Vladimir Lenin）之類的人物，領導能力就會成為歷史的手段。

集中的權力

首先讓我們看一看老電影，從中尋找權力集中的形象：在釘滿橡木鑲板的圖書館裡，邪惡的寡婦擁有公司的所有股票；憂鬱的富豪獨自一人坐在他的西部鐵路車廂裡；抿著嘴的黑手黨老大戴著黑帽子，背倚著餐廳的牆壁；功夫師父全神貫注、動作緊湊；詹姆斯・龐德（James Bond）那個疑神疑鬼的敵人，躲在與世隔絕、固若金湯的巢穴，他是世界帝國的中心焦點；脆弱但虔誠的教師，憑著專心一志的決心改變了邊疆地區。或者想像一下羅丹的沉思者雕像——他的頭、他的拳頭、他的專注。權力的形象。

在現代的商業教科書中，權力集中只能拿到差強人意的低分。假如權力集中在少數人手中，通常就會認為執行長、董事會或公司將走上錯誤的管理道路。權力應該分散在各個單位中，各自擁有決策和產生利潤的自主權。應該鬆綁權力中心、人人賦權。需要合作、團隊、員工股東、溝通，而不是直接下令，還有網路運作。

網路取代了渦輪機，成為治理的形象。現在的權力形象不再是緊緊纏繞電線的巨大發電機，甚至不是緊密排列的晶圓。新的權力形象是流動、回饋、分散的能量、觸及所有基礎、平衡選區、提供服務——幾乎都是由隨機力量組成的不明確領域。不是心臟，而是毛細管。

最偉大的愛爾蘭詩人威廉・巴特・葉慈（William Butler Yeats）說過一句名言，預言了西方文明在二十世紀初期面臨的恐懼——「萬物崩解，中心無法支撐／只剩下無政府的混亂漫溢世間」——這段話也預見了二十世紀下半葉混亂和災難性的理論，這些理論為了充滿創意的創新而讓中心失效，讓企業獲得自由，找到自己適合的位置，以任何方式做他們要做的事情。中心**不應該**抓緊一切，這樣一來萬物注定會分崩離析。你只需要在兼容性的幫助下，找到進入的方法。權力存在於網路連結之中。

每個人都是透過連接得到權力，或者說權力就是與外部連接，因為權力沒有單一的生產來源。「思考」所需要的集中與專注，正如以思考為座右銘的公司，逐漸被「與他人互動」所取代。

儘管有這些趨勢，集中還是人類心理十分獨特的傾向。心靈的某個部分，喜歡專注地沉浸於自身。仔細考慮一個問題、評估選項和決定優先順序、安排明智的時程、專心致志地傾聽，觀察、照顧、深思熟慮——完成這些事情都需要心靈的力量，一種不需要助手協助和專家簡報的力量。阿嘉莎・克莉絲蒂（Agatha Christie）筆下的名偵探赫丘勒・白羅（Hercule Poirot），將這種能力稱為他「小小的灰色腦細胞」，他所指的不只是「聰明」，而是全神貫注於犯罪事件的謎團，以及案件的情勢、人物、動機和不在場證明。所有事情都集中在密集的思考中，成果是精湛的行動。

這讓我想到學童缺乏專注度（精神病學稱為「注意力缺失症」），與持械暴力事件增加之間的關聯。槍枝、刀具、棍棒、鐵鍊等武器，擁有高度集中的力量，讓那些覺得自己彷彿也是媒體的一部分，會一次從所有管道接收訊息的容易分心、心思散漫的意識，獲得專心一致的專注力。依照我的推測，如果他的心靈渴望專注，那麼武器就能滿足教室無法給予他的一切。除了監管武器，我們可能也需要尋找能夠抓住注意力、激發專注力的教學方法，例如圖像、戲劇、儀式、節奏等等，將力量從武器轉移回到孩子心中。

我強調集中和專注就是一種權力，而且是心靈需要且享受的權力，讓我們放下目前視領導為一種學習的想法，亦即認定高階領袖的權力主要存在於保持開放心態的能力中。專注、集中（concentration）一詞的意思，是封閉的圓圈、自我封閉、向內聚焦、密集、強烈。一定會有人說這種心態會把自己悶在櫃子裡，只能吸著自己呼出的空氣。沒有變革之風吹過、沒有吸收新事物，所以無法學習，更無法領導。從這個角度來看，專注看起來十分孤僻，而且會放棄權力。

不過，專注和集中其實是從其他地方學習，不是從其他人身上，而是從其他來源接收新事物。這是在薩滿、隱居者、隱士、神祕主義者、深思熟慮者身上發現的內向風格的權力。他們將目光轉向夢境、冥想、白日夢、徵兆、預兆、古代文字、大自然的運動，還有「靜默沉思往事」（sessions of sweet silent thought）。專注和集中，能讓人得到其他權力——內向、隱藏，讓商業同仁深感懷疑的權力。專注和集中會與天才、與靈感有所連結。相信獨處、享受沉默，而且會懷抱適當的決心挺身而出，面對緊張局勢、危機和毫無勝算的難題帶來的挑戰。

權威的權力

有一種權力不是來自控制、職位或聲望，而且再怎麼有野心也得不到。名聲算是其中的一部分，但僅止於此。這就是權威的權力。

這種權力的本質和源頭，識別和運作的方式，都是固定答案無法回答的問題。舉例而言，權威可能會伴隨年紀而來，不過也不是必然如此，因為我們社會中的長者不一定會具備族老的權威。長者的外型，例如沙灘躺椅上那個人染過的頭髮、口中的假牙和身上的皺紋，雖然與部落耆老的臉有著相似的特徵（傷疤、皺紋、缺牙和紋身），卻不會擁有相同的權威。只有年齡還不夠。「資訊就是權力」這句格言，也不足以構成權威。一個人可能知道各式各樣的資料，清楚辦公室中的所有陰謀詭計和個人歷史，證明自己是公司的「無價之寶」，卻從來得不到足夠的權威，讓別人聽見自己的聲音。

權威可能來自卓越的成就，但也不是百分之百保證，因為特定領域的專家，不一定能得到更廣泛的敬重。實戰經驗也許能讓人產生權威，但是脫離現場的安樂椅式思考可能更有意義。因此，經常讓專家上電視擔任「權威」的作法，是將狹隘誤解為寬廣、將意見誤解為洞察力、將資訊誤解為知識。電視台組成的東歐事務或教育政策權威專家小組，不應該僅限於有實戰經驗的人，因為他們想要的是被稱為「判斷」的古老精神美德，這種能力不僅能看到所有角度，還能深入看見問題的長期根源和可能後果，從而做出有價值的判斷。討論本質上的問題，與支持或反對某個問題的立場是不一樣的。權威的聲音具有公正無私的特質，而且十分堅定。

這種特質很難形容，就像是好的藝術和壞的色情作品（或壞的藝術和好的色情作品），「我看到時就會明白」。這種特質可能存在幾乎所有人的身上，儘管實際的案例很少。我們會在回憶中發現——小時候家鄉的某個人，是個能夠衡量事情且說話鞭辟入裡的穩重之人，光是存在就能感受到無形的價值。是因為她做的事、他說的話嗎？是因為他們表達自己的方式，還是在關鍵時刻做出的反應？是因為他們散發出的距離感，還是他們隨時彷彿在家一般的自在？有一件事是肯定的：他們讓你感受到權威的力量。他們本人就是有權威。

即使權威的產生是源自於自主的天賦，而且存在於自己特定的本質中，權威真正的權力只會在團體脈絡中展現出來。權威必須得到認可。我可能是個經驗豐富、聰明、獨特、公正無私的人，但是在別人需要我，需要我開口之前，我都沒有權威。

其他人能賦予我僅憑自己無法產生的權威。所以權威與社會息息相關，正如同個人與集體息息相關。我們屬於彼此，而人們識別其他人呈現出來的特質，是人類意識的基本能力，就如同鳥類識別叫聲和歌聲，哺乳類動物識別氣味一樣。權威或許是與生俱來的，但是在得到世界的確認之前，它不會真的存在。順帶一提，「世界」不只是指其他人，動物也能識別人類的權威，牠們很快就可以識別出尊敬的對象，以及哪些照顧者是可以蒙騙、威嚇和不必服從的。

權威不會因為說服而受到影響，也不會試著實施暴政或使人屈服，呈現出權威內在的自主性。這種自主性不代表冷漠和置身事外，更像是說明權威完全獨立於其他權力類型。《憲法》載明了法院的完全獨立性，讓法院判決與其他類型的權力徹底分開，必須公正客觀。或許權威的權威，就是存在於這種與一般權力表現有所分隔的獨立性中。

誤用「當局」（authority）描述政府、用「威權主義」（authoritarianism）描述專制，以及將不願意接受指令的叛逆診斷為「權威問題」（authority problem），這些做法都詆毀了權威的概念，與其他類型的權力混淆。

將權威與專制混淆，顯示了我們對這種權力類型的了解只是一知半解。這也顯示了我們在日益強調平等的民主社會中，是多麼恐懼權威。但是不只如此，這些混淆說明了一般而言對權力的概念是多麼自我中心，我們似乎無法將權威視為不存在於自尊中的天賦或能力。所以讓我們理解受限的不是對權威的恐懼，而是自我對篡奪權威的合理恐懼。

我想強調這種權力的公正無私和內在壓抑，因為權威能產生無與倫比的權力。一個人就能壓過一千個人的聲音。其他人給予的尊敬，讓你居於他人之上。你一旦開始展現權威，就會產生專制統治的潛力。莎士比亞寫道（《量罪記》（*Measure for Measure*），又譯《惡有惡報》，第二幕第二景，第一百〇八句）：

「啊！有巨人的力量再好不過，但是像巨人一樣使用他的力量，未免太殘暴了。」把持、冷漠、獨立，似乎都是權威的必然結果。

獨立性，讓權威脫離權力的職位、聲望和附屬物。伯納德．巴魯克（Bernard Baruch）只有公園的長椅；溫德．貝瑞（Wendell Berry）則是守著自己的詩作和肯塔基州（Kentucky）的農場。愛因斯坦。塞戈維亞（Andrés Segovia）。卡薩爾斯（Pablo Casals）。魯奧（Georges Rouault）。馬諦斯（Henri Matisse）。近年來，想要讓男人重拾自覺喪失的權威的大眾心理學，將這種獨立性稱為內在國王。在一齣與國王失去權力相關的劇作中，莎士比亞用寥寥數句有關權威的台詞，透露了許多想法。李爾（Lear）王面試肯特（Kent）伯爵假扮成的僕人時，他們這樣說（《李爾王》（*King Lear*），第一幕第四景，第二十四句）：

「你想做什麼？」

「服務。」

「你要服務誰？」

「您。」

「你知道我是誰嗎？」

「不知道，先生；但是您自有一種氣派，讓我想要認您做主人。」

「是什麼呢？」

「權威的氣派。」

而這是發生在國王退下掌權大位之後。李爾王的權威顯然存在於他的本質中，隨著劇情推展，儘管他越來越無助和瘋狂，權威的力量卻從來沒有離開他。當然，一部分是來自他以前的表現。他畢竟是國王，正如同伊底帕斯生命即將終結時，他雖然雙目失明、垂垂老矣、一貧如洗、行將就木，也不改他曾是伊底帕斯王的事實。過去仍然存在於當下。

在我們這個時代，雖然無法與李爾王和伊底帕斯比擬，不過九十多歲的艾佛瑞・哈里曼（Averell Harriman）確實是有權威的人。在沒有職位、沒有權力基礎，他具有影響力的時代早已過去的情況下，他仍然擁有權威。他當過駐外大使、州長、特使和總統的智囊，他是豪門望族的子弟，親自參與過二十世紀的轉捩點時刻，他當然擁有權力。但是有太多其他人「打從一開始就存在」，卻逐漸為人所淡忘。權威不只是知識、記憶、判斷、能力、社會關係；不只是你的人脈和你去過的地方。因為這是個看不見的特質，所以會招致強烈的嫉妒，而以哈里曼的例子來說，別人可能會貶低他權威的真實度，認為他的權威只是來自財富或因為處在正確的階級。

還有最後一個必須單獨提出來討論的要素：古羅馬人所說的「*gravitas*」，一種賦予重要性，甚至是充滿壓迫感的嚴肅特質的重量。重力（gravity）和嚴峻（grave）都是源自「*gravitas*」，還有法文的「gravide」，意思是懷孕。「*Gravitas*」本身源自一個更古老但是現在仍然有許多人學習的語言，梵文的「*guruh*」，意思是沉重、重大。權威的力量來自腹部，而方向是朝下的，就像重力。

也許，在靈魂往下沉，沉到墓穴裡成為祖先，代表著社群經年累積的智慧，成為一種代表而不再是個性的時候，權威才會竄升。比起個人背景，一個人的權威更多是來自超越生死、非關個人的權威，也就是死者與他們生前的教誨。這是不就是我們遭遇危機和年老時會拜讀傳記，以此加深我們與過去和逝者（愛默生稱之為「代表人物」）的個人連結的原因？也許這是權威在年老時更為明顯的原因。也許權威最終還是得由冥府的神祇、冥王黑帝斯（Hades），還有我們文化視為「歷史」的祖先授予。

說服的權力

電視上的硬漢，改變了說服的意義和權力類型。說服成了真正意義上的「扭轉」——像是黑手黨殘忍扭轉別人手臂那樣。或者像警察嚴刑拷打，迫使嫌疑犯招供那樣。我們的文明已經遠離說服原本在拉丁文中的意思，蘇艾達（Suada）和佩托（Peitho，希臘文的說服）都是女神，而「*suadeo*」的意思是「產生甜美或愉悅」，就像是文謅謅的愛人知道說情話的藝術，以及知道怎麼創造愉悅，讓生活更順利又愜意。

古希臘文化中的佩托主要以獨特的形象示人，或是作為與雅典娜（Athene）和阿芙蘿黛蒂有關的特質。說服，主要是一種引誘的力量，方法是充滿智慧且能打動人心的演說（雅典娜），或者是透過迷人的舉止和美麗的容貌（阿芙蘿黛蒂）。佩托最厲害的天賦是修辭，喋喋不休的天賦。

廣告商發現不同的產品和不同的客群，都需要不同的修辭學。你販賣二手車和便宜床墊的方法，一定跟推銷香水、灌洗器或加勒比海郵輪之旅的方式不一樣。這就是不同形式的說服，不同形式的修辭偽裝。十九世紀剛開始起步的廣告業，主要的說服方式是偽裝成教育。廣告資訊直接對準廣大的移民族群，教導他們各種進步的模式。而所謂的進步是指罐頭水果、煉乳和包裝肥皂。「更新又更好」這個片語，就是源自當時說服民眾進步所使用的修辭。

說服女神不只在廣告中發會影響力，誘使我們去得到、購買，以及做出通常看似與我們的性格相去甚遠、完全不是我們渴求的事物。佩托也作為一種力量，出現在我們日常生活極大的恐懼中。心理壓力的統計報告指出，害怕在公共場合發言，是導致我們在企業和政府單位難以升遷的一大阻礙。儘管有各式各樣的談話節目、民眾叩應節目、市民會議，還有爆炸式成長的電子訊息、電話和網路，顯然不是所有人都能得到佩托的青睞，他們不知道該如何用充滿說服力的方式表達自己。說話時沒有魅力、沒有心思、不在乎語句是否美麗，沒有打動他人熱忱的慾望，只會讓死氣沉沉的冗辭贅字進入別人耳中。說話成為暴力、成為麻痺、成為汙染。唯一的說服力就是讓人遠遠逃開，或關掉不願再聽。

公開發言遣詞用字簡單而強硬、不會甜言蜜語的人，例如羅斯・佩羅，比馬里奧・古莫（Mario Cuomo）等與佩托相處融洽的人，更具有說服力。在現代文明中，就算不講究言詞優雅，還是可以身居高位，例如柯立芝（Calvin Coolidge）、艾森豪（Dwight Eisenhower）、尼克森、布希（George W. Bush）總統，還有孟代爾（Walter Mondale）和奎爾（Dan Quayle）副總統。可以打動人心，因而成為權力主體的發言，不必花團錦簇或諂媚奉承，但是必須至少換換用詞，展現一點美感（阿芙蘿黛蒂），表現出智慧和公民理想主義（雅典娜）。這讓我想到林肯、威爾遜（Woodrow Wilson）和小羅斯福（Franklin Roosevelt）總統的說服力。他們三個都有運用字句組合和修辭力量說服別人，從而扭轉國家命運的能力。解釋和捍衛政策、與他人聯絡和溝通，需要的不只是圖表、妙語如珠和奇聞軼事。魅力、權威、出席公開活動的訓練、專精某個領域的知識，都無法觸及聽眾，除非你的言詞擁有能夠說服他人的堅定信念。

僅僅一、兩代之前的銀行總裁和產業及貿易領袖，擁有的通常不是工商管理、經濟或技術學位，而是英文學位。主修英文的學生成為企業管理層。主修英文是邁向頂峰的大路。為什麼？

不同於金融或工程這種特定領域的知識，英文課上學習到的修辭素養，教導的是可以納入**所有**領域的思維組織方法。這表示主修英文的學生，能夠說出蘊含思想的語句，充滿說服力地表達觀點和決定、分析文件、區別主要和次要問題、揭露隱含的假設和不合邏輯的結論，以及找到恰當得體的詞句，讓職場氛圍變得愉悅又愜意。

不管是曾經還是現在，說服都是一種管理方面的才華，可以平息股東、工會領袖、債權人、記者和政府督察人員的怒氣。說服的能力，可以軟化解雇員工的衝擊、促進借貸和贏得合約。除此之外，還能提升整個企業的交流層次。說服的修辭學，確實是必不可少的一種權力。

人們從很久以前就開始承認，我們需要這種力量。中世紀和文藝復興時期，修辭學就是高等教育的主要科目。權力需要有風格的文字；能夠說服別人的文字必須經過鍛造。現代文明仍然承襲古代教父（Church Fathers）、中世紀醫生和法官的理論，還有《大憲章》（*Magna Carta*）和《欽定版聖經》（*King James*

Bible）的修辭學，我們的文明也仍然依賴兩百多年前的《獨立宣言》（*Declaration of Independence*）和《美國憲法》（*Constitution*）那鏗鏘有力，至今仍然保有說服力的文字。

「純粹修辭」和「空泛修辭」之類的詞彙，顯示了我們輕蔑華麗的辭藻，偏愛樸實、清教徒式、實話實說的英語。我們尤其喜歡暗示行動的單音節詞和簡短片語，儘管這些用詞更像是命令而非說服。「快過來拿」、「做就對了」、「沒問題」、「起來」、「請享用」、「脫下來」、「現在開始」、「出發」、「買進、賣出或持有」，都是口號而非引誘。不過執行長必須十分謹慎，展現出駕馭細緻用詞差異的天賦，避免與這種簡短的通俗用語脫節。

區分「空泛修辭」與修辭女神賦予的說服力，其實不會很困難。純粹修辭就像是美麗的花朵，但是根沒有扎進土壤深處，主要是用陳腔濫調和行話粉飾膚淺的思想，就像是慰問卡、新世紀運動對全球未來的渴望，或商業上的鼓吹話術。既不是驚喜、挑戰，也不是誘惑。聽著別人口中的空泛修辭，我們會感覺已經聽過那些話好幾遍。真正的說服力是僅僅透過語言的力量，就讓你振作、轉變思想，讓你的人生軌道永遠轉往新的方向。

魅力的權力

有魅力的人是指得到神明恩寵的人——這就是魅力（charisma）最一開始的意思。不過，魅力雖然是神的恩賜，卻不屬於個性的內在結構，不同於我所說的類似動物特質的領導能力。魅力可能出現在任何一個人身上，甚至出現在完全沒有領導能力、沒有一絲權威的人身上，用以欺騙那些分不清楚控制與魔法的追隨者。

財富或媒體也不能保證讓人擁有魅力。這是一種不同於名氣、名聲、傑出成就、皇室血統和金銀財寶的恩典。你可能是像賴特曼（David Letterman）、雷諾（Jay Leno）或賴瑞金（Larry King）一樣的脫口秀主持人，儘管你的收視率節節攀升又深得粉絲信任，卻不是充滿魅力的人。魅力的力量將光輝燦爛的一面借給表演者，有時甚至能將表演者提升至巫師的地位。擁有魅力的表演者會覺得火力全開、充滿活力、從容不迫，進入忘我狀態，但是這種力量並不屬於他，也不能藉由迷信的儀式或麻醉來恢復和補充。我們可能會將魅力連結到特定的人——天才或精神變態。正如同這兩個詞彙的意思，魅力是一種不屬於任何人的神祕力量，卻能以超凡的魅力提升一個人，而「明星」一詞最能詮釋這種魅力。

如果說領導能力是來自本能，而權威是來自性格，那麼魅力則有一部分是取決於情勢。在某些情勢下，需要有一個人象徵和表達情勢的動態。想想看葉爾欽（Boris Yeltsin）站到坦克車上的樣子，麥克阿瑟將軍（General MacArthur）以一句「我會回來」（I shall return）在最後一刻取得精神勝利。魅力也能突然之間照亮整間企業，就像是蘋果電腦公司和 IBM 很久以前經歷的過程。

有魅力的人，可以把正在發生的事情變成典範。歷史充滿這種原型化身，他們代表那個時代、那個時期，或那個瞬間的精神，甚至可以說是他們創造了歷史。時勢所需之人「聽候差遣的強尼」（Johnny-on-the-spot）：此地此時成了一個人。他可能像來自科西嘉島（Corsica）的拿破崙和從北非發跡的佛朗哥（Franco）一樣，從遙遠的地方出現，或者像戴高樂（Charles de Gaulle）和邱吉爾（Winston Churchill）一樣重返政治舞台，或者是單純地橫空出世，成為偉大歷史時刻的行走化身。他們登上舞台的方式大多不太尋常，所以他們往往會在戲分結束後就消失不見，以極佳的形象留在人們回憶中，或者被貶低為騙子而聲名狼藉。彷彿有一種原型披風，將一個人包裹在卓越權力的金色氣場中——而這與他在此之前的生平可能毫無關係。

有魅力的人物通常不是按部就班升遷，例如新上任的執行長以前是負責行銷的忠誠副總經理。他們的晉升通常是個驚喜。但是只要他們一出現，問題就會迎刃而解。一次良機，一樁意料之外的交易，一場得以避免的災難。有魅力的人也能幫助提升公司的公關形象。他們在媒體上的表現很好。但是，魅力無法處理勞資協商、無法為了徹底變革而改組，也無法應付囉唆董事會的瑣碎鬥爭。這既然是神的恩賜，就表示祂們能夠拿走，而且神似乎不太在意資產負債表。所以神離開後，問題就會重新出現，此時就只剩下純粹是個凡人的執行長。

魅力會是至關重要的因素。傑出的檢察官和效率驚人的紐約（New York）州長湯瑪斯．杜威（Thomas Dewey），擁有各式各樣的權力，包括聲望、影響力、控制權和職位，但是他沒有魅力，他在兩次總統大選分別輸給羅斯福和杜魯門。約翰・林賽（John Lindsay）擁有許多權力，但那或許就是他的全部了。他在一九六〇年代擔任紐約市長，三十年後仍然因為紐約市破產而遭到撻伐。隆納・雷根的「不沾鍋」魅力得以控制住整個國家，乃至於國會和媒體，儘管他第一個任期面臨嚴重失業問題，第二個任期遇上令人失去信心的貪腐問題，所有人仍然對他充滿憧憬。

如果有魅力的人沒有權威，就會像沒穿衣服的皇帝，無法承擔他必須扛起的象徵性重擔。如果那個有魅力的人沒有與生俱來的領導能力，群眾就會推崇傻子、追隨魅力，最終自取滅亡。就算一個人**同時具備**權威和領導能力，魅力還是改變歷史的關鍵——最好的例子就是聖女貞德（Joan of Arc）、拿破崙、馬丁・路德・金恩（Martin Luther King, Jr.）、羅伯特・李（Robert Edward Lee）、林肯和戴高樂。

上升的權力

外表看似純粹是個人野心，相當無情又掩蓋自卑感的，背後可能有更深層的原因。什麼是「穿過綠色莖管催動花朵之力……催動水流穿過岩石之力……」？寫下這首名詩的狄蘭・湯瑪斯（Dylan Thomas），也在同一首詩寫到我們對這股力量是「無知」的。我們無法解釋植物向上生長的驅動力。我們就像無知的動物。我們該怎麼敘述驅使馬匹領跑，驅使小貓在一窩幼貓中搶先的力量呢？

在《易經》中，六十四卦的第一卦「乾卦」，描述的是陽氣不斷上升的力量，而乾卦的形象是龍。其中一句話是這麼說的：

> 天行健，
> 君子以自強不息。

我們無法解釋的力量，正是超越人類動機和個性結構的「天體運行」。這是宇宙中的運動，在特定時間、特定情況下影響到特定的人，而天體運行的影響可以是英雄式的，這股力量能讓你宛如飛龍在天、有如奔騰流水，克服一切障礙。天體運行的影響也可能讓人變得傲慢、膨脹、自負和狂熱。這些提升精神的時刻，帶來了非凡的行事能力。我們會說「我現在好運連連」，《易經》開篇第一卦則是說天行「健」（full of power）。

攸關命運的重大時刻會解放這條大河，突然爆發的力量——因為父母一方死亡而繼承土地，重要的啟示性夢境，被提拔到高位後繼承使命，或者在戀愛中、賽場上、賭局中、選舉中成為獲勝的一方。這股力量會像愛慾一樣猛然湧現，像堅硬的勃起一樣突如其來。

但是這種振翅起飛、乘風破浪，不應該被簡化為勃起或一意孤行的力量。領頭的馬匹，不是因為被鞭打才奔跑。河流宛如艾略特（Thomas Stearns Eliot）詩句描寫的那樣——「慍怒、原始、難以駕馭」，盲目又固執地在大地上奔流，但是你不是河流。你有眼睛，河流沒有，河流只是盲目地向前奔流。

所有生命內在都潛藏著一股躁動不安的熱，我們曾經以為是太陽光一般的能量，後來視其為類似氧氣燃燒的過程。這種隱藏之熱會在發燒和發疹時，在狂暴與盛怒時爆發出來。那股熱會衝上我們的頭頂，讓我們抓狂，彷彿被純粹的力量支配。麥可．米德（Michael Meade）在一個精采的章節中提到，年輕時啟蒙活動的必要性，並用烏干達吉蘇人（Gisu）所說的「力提瑪」（*Litima*）描述這種上升的力量。

米德寫道：「對吉蘇人而言，力提瑪是事物陽剛一面獨有的暴力情緒，是爭吵、殘酷競爭、佔有慾、權力驅動力和殘忍的源頭，也是獨立、勇氣、正派和有意義理想的源頭。力提瑪命名和描述的這股固執的情感力量，推動了成為獨立個體的過程……力提瑪模稜兩可……有兩個面向。獨立和遠大理想的源頭，也可以是殘酷與殘忍的源頭。」[4]

上升不是集中的力量，更像是增強的能量和暴躁脾氣，一種被壓得喘不過氣的感覺，隨時會因為滿頭的思緒、太多要做的事情和身體高速運轉而爆炸。精神病學稱這種情緒為輕微狂躁情緒，其中一個重要的診斷症狀正是《易經》所說的「自強不息」。血液中有一條龍。

龍是神話中的動物，完全是人類想像的。龍會噴火、全身閃耀綠色光芒、有好幾顆頭、會守護寶藏，還會吃人，尤其是吃年輕貌美的人，以及擁有天真英雄氣息的人。因為龍完全是想像出來的動物，所以我們是著迷於自己想像力的動物力量。想像力像動物的力量一樣，讓我們一次又一次探索和拓展自己的心智，焚燒我們周圍的事物，讓我們感覺自己盤緊了身體，保護著無以名狀的恩賜。這股驅使滴水穿石的力量，吞噬了我們的人性。所以我們變得既啞口無言又無知，無法解釋正在發生的事情。我們在神話的控制之下，神話成為本能動力，像龍一樣將我們扛在背上。既然我們的文化缺乏有效的啟蒙，這就是我們為什麼亟需擁有同僚、朋友、習慣、妻子和丈夫、三明治和洗衣家務、停車場和五金行，藉由這些關係和日常事務阻止我們上升，就算無法阻止，至少給了我們一個可以降落的地方。

4 麥可・米德，*Men and the Water of Life*（San Francisco: Harper San Francisco, 1993），第兩百三十三頁至兩百三十四頁。

決定的權力

「他無法下定決心。」「無法指責任何一方。」「因為優柔寡斷而動彈不得。」這些譴責都明顯指出行使權力時，決斷能力有多重要。決定能釋放權力；決定作為能動性的本質，或許決定就是權力。美國最高法院的判決能夠取代總統的行政命令，以及國會通過的法案。

很多人都理所當然地認為，決定是經過完整的思考。考量所有面向後，就能預見所有可能的結果，隨後做出決定，彷彿做決定就是用審判的天秤權衡利弊的過程。這個觀點把決定看得太理性了。決定來自長久以來對事實精心的深思熟慮，同時也來自直覺、來自一點資料或八卦、來自第六感，來自那個我稱為「天使」的小小聲音。

決定（decision）的字根「*caedo*、*caedere*」，意思是擊倒。這個拉丁文的第一個意思幾乎與理性扯不上邊，表現的是殘暴的力量：「擊打、重擊、毆打。」第二個意思讓「*caedo*、*caedere*」與性交有關，如同我們看到鳥類交配的樣子。第三個意思是：「殺死、殺戮、謀殺；攻擊、獻祭屠殺」；第四個意思：「破裂、擊碎、打破」。「*Caedo*」一詞可以追溯到梵文的擠壓「*khidati*」和鎚子「*kheda*」。

當木槌敲響結束當日的交易、一場拍賣或法院審理時，會聽見突如其來，甚至有點暴力的死亡回音。一切都無法回頭。所以優柔寡斷如此痛苦並不奇怪，因為決定會帶來死亡，而可以做出決定的人——例如決定發動豬灣行動（Bay of Pigs）的甘迺迪，還有儘管天氣情況不穩定，仍然決定展開諾曼第登陸的艾森豪——他們就站在死亡面前，沒得商量、無法妥協。難怪在更平凡的日常事務中，不論是陪審團、立法單位、房地產經紀人或銷售員，都很難做出最終決定。

決斷是創造的必要條件。字典中寫道「*caedo*」的第十個意思是透過裁剪來創造。藝術中每一個細微的動作都需要決定——要納入還是排除，要往這個或那個方向移動，先選擇這個再選擇那個。我們看的每部電影、讀的每本書，都是透過裁剪創造而成。決定就是知道在何時何處停止，讓死亡的瞬間結束工作。一名繪畫老師告訴我的朋友，她在繪畫教學職涯中發現，最重要的事情就是何時停止繪畫，何時中斷、收尾、結束。

決定的創造力首先展現的，是遠離優柔寡斷和矛盾心理的能力。不過，就在我們做出決定展開行動的瞬間，我們也會創造出敵人。決定會分裂，分成兩半。根據《牛津英語辭典》的定義，決定的意思是「將勝利給予其中一方」。任何一個決定都會產生輸家，在組織中產生負面的情緒。被打敗的一方變成受傷的一方，為他們認為源自「錯誤」決定的錯誤尋求補償。不滿。顛覆現狀的抵抗。權力中心瀰漫復仇之火。因為每一次勝利都代表對決定感到不滿的戰俘越來越多，所以以決斷為基礎的權力，可能會導致暴政。馬其頓王國（Macedon）的亞歷山大（Alexander）大帝和羅馬帝國（Roman Empire）的將領，都明白勝利只會創造更多敵人，所以他們把剩下的戰敗者收作奴隸或處決，一磚一瓦地摧毀敵人的城市和神殿，在夷為平地的土地上撒鹽，詛咒對方的土地永遠荒廢。要求無條件投降的目的，是永遠消除潛藏在決定性勝利之下的任何一絲復仇的可能性。

現在的領導人都樂意地相信，我們已經將古希臘和古羅馬人拋諸腦後。我們現在更偏好達成共識的決定，而不是征服和勝利。我們相信可以妥協，相信我們可以收買另一方或讓他們倒戈。協議取代了勝利和擊敗，所以現在的決定是更細心地推敲琢磨出來的，藉由恰當的法律語言，讓所有人都能分一杯羹。因此，更有可能發生的情況，是在決定性的危機到緊要關頭之前不做決定——也就是掌握大權的人，想辦法避免嚴厲譴責任何一方，好用模糊的邊界和詞語將各方支持者整合成一個更大的群體。這個策略可以追溯到中國古代，但是也沿用至今，例如柯林頓（Bill Clinton）政府。將問題切成兩個敵對陣營的英雄之劍，稱為策略性含糊其辭、踟躕不決和騎牆觀望。儘管如此，這些猶豫不決還是警覺到決斷存在的隱患。決斷本身不斷累積創造的潰敗，會成為決斷自身失敗的原因。

隨風調整船帆看似是個猶豫不決的策略，其實是源自一個先做出的決定：不計一切代價避免做出決定，而這種調整和轉變，必須與神經質的優柔寡斷區分開來。我的意思是為了保持權力，讓自己和他人處於懸而未決的狀態。我可以靠著猶豫不決維持控制權，方法就跟冒險做決定一樣聰明。猶豫不決有自戀的一面，就是當所有人都在法庭等待和好奇著結果時，做決定的人會成為眾所矚目的焦點。一個人猶豫得越久，諮詢法律顧問、召開政策會議和宣讀專家委員會的決議報告，那項決策和那個人在決策流程中扮演的角色就顯得越重要。

簡而言之，至少有三種類型的猶豫不決看起來很相似：首先是膽小，因為害怕一刀劈下去而遭遇的曝光和風險，所以不願揮刀；第二是預見決策後果的謹慎行事的智慧；第三是為了保持聲望和職位的神經質優柔寡斷。對一個決定猶豫不決時，冷靜地檢視一下這三個混雜在一起的動機，會有很大的幫助。但是進行自我檢視之前，還是需要先作出決定。

恐懼的權力

據說前美國總統安德魯・傑克遜將軍（Andrew Jackson）「可以逼出手下的潛能，因為比起敵人，他們更懼怕他」。透過恐懼運用權力，還是能做到其他權力類型達不到的成就。電視每天都教我們這一點。不論是代表警察職位的警徽或有權威的命令，都無法比警棍和槍枝更快讓人動作。似乎需要恐懼才能達成實質能動性。你有沒有聽過一句話，「經理可以受人愛戴，但是必須令人畏懼」？強調控制與命令的管理層很懂得運用恐懼。

一名大學行政人員曾仔細地向我解釋，他可以仰仗預測財務災難和醜聞風波，推動委靡不振的監事會和學術委員會做出決定。「我得讓他們害怕，這絕對是克服體制惰性的最佳辦法。」

逐步灌輸恐懼的能力，是權力琳瑯滿目的能力之一。在權力的所有面向之中，恐懼似乎是最穩固的原則。除了語言、文化、經濟和地理等將廣大帝國聯繫在一起的動力，必須再加上恐懼作為建立共通性的力量。共同的恐懼會讓人民團結。即使到了二十世紀，長達數十年間，兩大強權還是因為對於相互保證毀滅（mutually assured destruction，MAD）的恐懼，而遏止了可能造成龐大毀滅的潛力。近年這段長時間的世界和平，是靠著恐懼維護的。

恐懼的概念，揭露了專制的其中一個原因。在神話中，恐懼與戰神憤怒之神阿瑞斯／馬爾斯有關，他的其中一個兒子叫做佛波斯（Phobos），也就是恐懼（phobic）和恐懼症（phobia）的字根。其他文化中的戰神和亞洲廟宇門口的石雕，都有著令人畏懼的面孔，嚇阻虛偽、膚淺和空洞的儀式反映出的不虔誠信仰。恐懼這種情緒與權力的真相一致；靠近權力的時候，只有傻子才不會恐懼。許多出現在辦公室和工廠的症狀，例如壓力、失禁、怠工和缺勤，都是對職場權力的恐懼而產生的麻痺或恐慌反應。恐慌發作和焦慮狀態，都在潛意識中察覺權力蘊含的恐懼。

真正靠近神聖的不是潔淨，而是恐懼，因為《聖經》教導我們「敬畏耶和華是智慧的開端」。但是從來沒有人稱讚恐懼，即便我們有些人，以及我們內心隱藏的某部分，是以恐懼為樂。有一種快樂是處於恐懼之中。你可以想像一下教練士官、獄卒、冠軍拳手、強悍又自負的冷漠青少女，或者是恐嚇老父母的恐怖中年兒子。想像一下在數百萬人的家庭中，權力關係是由最令人恐懼的成員所建構，他們過著怎麼樣的生活。這些家庭中的某些成員發現，只能透過恐懼邁向快樂。發現受虐快感的家暴受害者，了解恐懼增加興奮感、敏感度和想像意識的作用。

除非我們願意接受「造成恐懼能產生愉悅」這個想法，否則我們永遠無法掌握權力完整的深度。國際特赦組織（Amnesty International）記錄世界各地的虐待案例，不僅證明了人類道德敗壞的普遍性，更證明了對引發恐懼感到開心的情況也是普遍存在。男人和女人以恐嚇及虐待其他男人和女人、動物和物品為日常；以恐懼為生的人必定是從中獲得超出職責範圍的滿足感。恐怖電影和犯罪電影，當然也利用了與權力有關係的恐懼。每一次的提高音量、露出威嚇眼神，每一次的亮槍和肉搏，都讓觀眾心跳加速，讓坐在一片漆黑之中的我們，無法判斷那到底是掌控局面的權威、專制蠻橫的暴君或只是單純的恐懼。名列影史前二十大好片的《殺無赦》（*The Unforgiven*），讓各種類型的權力區別得更明顯。克林・伊斯威特（Clint Eastwood）和金・哈克曼（Gene Hackman），在戲中都是冷酷無情的殺手，儘管哈克曼是警長，還是以恐懼為手段發號施令。伊斯威特飾演的角色雖然是個失敗的養豬戶，卻展現權威的力量。

對冷酷的著迷和對恐懼的鼓動，似乎深埋在人類性格的本質中，不只存在於美國人，也不只存在於生活匱乏或遭受虐待的人身上。兒童聽到折磨虐待的故事，講述駭人聽聞的恐怖故事，看到電視上嚇人的畫面時，都會獲得興奮的快感。醫學心理學將這種連結被害者、加害者和旁觀者的恐懼性欲稱為「虐待狂」（sadism），名稱取自薩德侯爵（Marquis de Sade），他的著作以最狂野的想像，探索了這種類型的權力。[5] 薩德侯爵嘗試感性分離，讓性快感脫離一般對於美、愛和生殖器迷戀的感受，以揭露愉悅與恐懼的力量之間的性欲關係。

據傳佛祖曾說過眾生皆怖畏，連植物和石頭也會恐懼，這個基礎讓他的「無畏」手印顯得無比重要。恐懼伴隨宇宙而來，屬於宇宙掠食體系的一部分。在這個無處可逃、錯綜複雜的體系中，萬物都在侵蝕萬物；我們給這個體系取了一個方便、理想化又美化的名稱「生物圈」，也表示了萬物都是可以利用的。在宇宙的相互或掠食體系中，萬物都要服務彼此，這也代表萬物都是有利用價值的。這是個令人恐懼的概念，但是權力的本質不就隱含這個概念嗎？

5 請見湯瑪斯・摩爾著作《陰暗情慾》（*Dark Eros: The Imagination of Sadism*, Dallas: Spring Publications, 1990）。

專制的權力

我應該專制地使用這個詞。我想將征服、專制、提升權力、支配和剝削，都納入討論。十七世紀的英國哲學家約翰·洛克對專制的定義最清楚：「一種絕對、專斷的權力；擁有者可以隨心所欲地奪走他人的生命。」我們又回到最一開始的前提，也就是從屬關係，而這是最極端的形式。通常對於專制的描述，都會包括剛愎自用地行使絕對的統治權、專斷的司法體制或根本沒有法律，以及冷酷、嚴厲、迫害人民的法規。美國憲法第八條修正案禁止「殘酷且不尋常的懲罰」，就是其中一項預防專制回歸的措施。

自古希臘時代開始使用專制一詞至今，最關鍵的定義就是「絕對」，這表示暴政不需要**心志單一**的一位君主或是獨裁者，作為單一的絕對統治者。專制統治可以由一個團體執行，例如共產黨的政治局、督政府、修道會、皇室或黑手黨家族，只要成員對於原則或原則的執行沒有分歧就可以。至高無上的教條，政黨路線的唯一目標，家族權力的擴張和軍政府，影響力勝過單一一人的專制。專制主義不是指一個冷酷無情的統治者，而是冷酷無情的統治——我們經常將焦點放在獨裁者和犯罪集團首腦的形象上，所以常常忘記這一點。這些形象是為了將專制的危險，投射到史達林（Joseph Stalin）、成吉思汗（Genghis Khan）和艾爾·卡彭（Al Capone）身上，避免我們接觸到以宗教基本教義派、商業利潤主義和科學進步為幌子，控制我們心靈的專制主義。

此外，將專制投射到令人畏懼的暴君身上，是為了阻止我們更深入察覺：專制主義可以控制個人生活。我們在毫無警覺的情況下活在專制之中。單一的觀點、單一的信仰、單一的行事方式會不斷擴張，剝削我們本質中其他的特質，直到我們臣服於即將開始自主行事的絕對統治。佛洛伊德心理學將這種優勢稱為「超我的指揮」。許多症狀都表現出這些固定規則專制的一面，抽筋和痙攣、牙關緊咬和關節疼痛、循環系統和排泄系統抑制，往往是源自長期以來無法放棄規則的頑固習慣。彷彿古老神話中代表嚴重和頑固憂鬱的薩圖恩（Saturn），成為人類心靈的絕對統治者。為了盡責而忍耐；未老先衰。而其他劇烈症狀，例如發疹子、病變和器官失常，可能是叛逆的壓抑者突然挺身而出，反抗習慣性意識的專制統治。

習慣性意識必須壓抑其他事物才能專注。為了在不斷被資訊刺激的環境中生存，我們必須篩選和壓抑。我們會遵循可行的作法。可行的作法變成有特權的作法，很快就會成為**唯一**的做法。隨著我們年齡漸長，變得越來越盲目，這種專制的習慣性意識，在別人眼中就變得越來越明顯。丹尼爾．高曼（Daniel Goleman）研究了我們如何被自己的習慣性意識欺騙，顯示了專制的單方面規定就是自我欺騙的基礎。[6]

這種讓我們變得既有效率又盲目的權力，帶來的影響比讓我們因循守舊更加深遠。這是一種形式的專制統治，我們思考、工作和與人連結的形式，我們言語和手勢的形式，全部融入個性之中後，意識就變得專制。我們喝酒逃避這個暴君；離婚、墜入愛河、辭去工作、搬家、破產、激流泛舟、玩滑翔翼、跟孩子吵架——做各種事情逃離成功規則的專制主義那既殘酷又不尋常的懲罰。一切都臣服於一個專制模式。所有異類都消失。一個人完全變成獨自一人，受到集權主義規定的折磨。

由於所有組織，包括那一群構成每個人類心靈的奇特傢伙和女主角，都是組成多元的團體，所以一個人的統治，總是會受到其他人的感覺和觀點威脅。我們越堅持「整合」、「統一」和「核心」等詞彙，我們就越容易想像那個權力是來自「團結一切」，成長就越可能助長一個人的權力凌駕於其他人之上，而發展就越可能變成單純的剝削。

專制最終還是仰賴一個神話，由原型力量給予的內在信念。舉例而言，可以克服所有障礙的英雄神話；受到神靈鼓勵和保護的孩子冒著永無止境的風險，毫無後顧之憂地過生活的神話；不只影響了人類，甚至導致自我毀滅的浪漫性欲的神話。但是在我們這個計算損益的人生中，神話不會得到太多功勞。我們只相信那些公認是事實和真理的神話，例如新達爾文主義中的競爭。因為我們沒有認可神話，所以我們盲目地活在神話之中，或者說神話盲目地活在我們之中。佛洛

6　丹尼爾・高曼，《心智重塑——自欺人生新解讀》（*Vital Lies, Simple Truths: The Psychology of Self-Deception*, New York: Simon & Schuster, 1985）。

伊德說在這樣的盲目中，我們每個人都是暴君伊底帕斯，看不見自己活在什麼神話中，又為什麼而死。

古代解決專制暴政的方式就是弒君，也就是殺死暴君；另一個方法是民主，給每個成年人一張票。第三個解決方式是複雜的組織結構，區分執行權力、否決權和審計權、道德委員會、申訴調查員和特別檢察官、職權重疊的官僚體制和環環相扣的專門單位——全都編纂進錯綜複雜的法律系統中。

還有一個解決方式是崇拜權力的萬神殿。這是曾經統治古代世界和其他非一神信仰文化的多神論，不是信奉單一全能的個體——也就是天命註定的暴君。歷史和人類學都清楚顯示，多神論無法保證將人民從暴政統治中解放出來，但是從心理學的角度來看卻值得考慮。

萬神殿的架構十分清楚，舉例而言，宙斯（Zeus）／朱比特（Jupiter）只是「同儕之首」（*primus inter pares*），不能侵犯其他奧林帕斯主神的領域。這種限制超過君主立憲制度，因為光是與寡頭政府共享權力，並無法限制極權主義。法律也無法限制，專制暴政都是從買通司法體制或扭曲法律開始的。因為萬神殿的概念與心靈的內在結構一致，所以能壓抑專制的根源，也就是成為絕對和單一統治者的內心幻想。而且字典對「絕對」（absolute）的解釋是毫無條件、限制或義務；獨立、漠不關心，等於是掙脫了所有關係的束縛——一個不受拘束、自由自在的能動者。專制的內心相信自己的權力，「建立自己的決心」。

但是，萬神殿的概念拒絕讓內心如此絕對地相信自己。這個概念認為內心就像世上萬物，是一種綜合體，受制於許多力量，每種力量都有不同的神話，需要不斷的觀察。在這個概念之下，人類比較不像是總有機會實施專制統治的中央能動者，而更像是不斷變化的領域，各個要素之間的摩擦，需要透過反思質問的儀式解決。

這就是為什麼其他文化總是要觀察星象、雲朵、鳥類、動物內臟、凶兆和預兆，就像我們進行重大決定之前，必須先觀察經濟預測。曾經存在或者在別的地方存在的預言者和占卜者，在此成了統計學家、精算師、技術分析員和經濟預測員。這是趨勢的魔力。兩種儀式的差異在於流程的焦點。我們的目標是藉由蒐集資料，賦予內心能掌控混亂環境，並且讓一切井然有序的能力。他們的目標是分化和賦權其他人，讓一切遵循宇宙的秩序。這就是為什麼我們的作法核心是信念，而他們的核心是犧牲。這些文化不同於我們的文化，人類不是按照單一全能上帝的形象打造，而是反映出競爭的聲音，而且總是處在各種關係的交會點。所以我總是得問「現在是誰在發號施令？」是哪一個原則、哪一則神話、哪一種權力奪得權位，為我做了決定？

反思質問的儀式能夠賦予其他人權力，就像解夢一樣。我不只會看「自己」做了或沒做什麼，還會看其他人做了什麼、他們是誰，以及他們為什麼出現在「我的」夢裡？心靈多神論模型的第一個問題就是關於其他人，正如同古希臘人請求神諭的第一個問題。他們問的不是「我怎麼了？」或「我現在該怎麼做？」而是問「我在這個情況下應該求助哪個神？」現在誰有權力？最簡單的問題「誰？」宣布了我不是單一的發號施令者，我的專制潛力受到質疑。

否決的權力

這種權力展現出來的，是竭力否決的能動性。否決本身的力量在於擊潰多數意志的能力。雖然否決權是由多數賦予單一、集體賦予個人的保護保障，否決權卻可以維護個人和群體之間的平等。總統個人的否決權，可以廢除國會的多數意見，亦即讓一個人的權力提升到等同於多數人的權力，否決權也因此成為美國憲政體制政府所謂「權力平衡」的一部分。

否決權不會給出具有建設性的替代方案，不會妥協，而且不受任何條件限制。只有更龐大的多數意見，才有權力凌駕於否決權之上。否決權的權力就是全面禁止，誠如「veto」拉丁文的意思：我禁止。

政府體系的最高層級擁有否決權，例如聯合國安全理事會（United Nations Security Council）和美國總統，展現了對於否定之重要性的深刻認可，也暗示了否決是權力的力量基礎。

佛洛伊德說過否決是一種壓抑：「否定的判斷是壓抑的知性替代；否定時說的『不』就是壓抑的標誌。」小小一個「不」字，存在著多麼龐大的力量！否決權能夠切斷關係、拒絕合作、宣布反對。不論是在商務會議、舞會上或床上，哪怕是聽見最溫和的「不」字，任何人都可能會被擊垮。第一次發現自己擁有否決權的兩歲小孩，就能夠以此反對全家人的意見，讓全家人陷入混亂。這個單音節的字能提供最極致的控制，壓制群體的意圖，讓運轉的輪子停下來。

兩歲小孩的小小身軀內隱藏的這種奇妙力量，證明了超越人類意志的力量源頭是存在的，因此說「不」的能力，是我們天生的特質，是所有人與生俱來的天賦或本能。「在孩子見到光明之前，長出鬍子和白髮的原則就已經存在他體內。雖然微小又隱密，但是身體的所有功能和隨後的每個人生階段都已經存在。」古羅馬作家和哲學家塞內卡（Seneca）這段話指的是神的原型影響，以這個例子來說是薩圖恩，偉大的挫敗者、否認者和壓抑之王。假如否決權真的超越人類意志，那麼我們就是以龐大和永恆的神話人物的聲音，說出令人生畏的「不」字。的確，否決權能夠給予一個人足夠的份量，抵銷多數人的意志。也許正是因為薩圖恩式的否定，讓許多總統不將否決權視為積極措施，而是選擇以擱置否決的方式，避開這個果斷的否定力量。

否決的力量因此變得殘破不堪。舉例而言，以前的波蘭議會給予每一位貴族成員個人否決權，不管理由合不合理，每個人都能夠隨心所欲地阻擋民選政府的措施好幾年。

如果說權力最精簡的概念是「使人服從的能動性」，那麼否決權就是這種權力最大膽和明確的體現。臣服，或者壓制和退讓，正是否決權如此成功的原因。能夠妨礙與禁止的「不」這個字，也可能帶來長遠的正面結果。日漸衰落的領袖、管理層或社會階級最後的頑強抵抗，對於一個有遠見但領先群眾太多的領袖而言，可能也是唯一的出路。有遠見的人不會當後援部隊，而是會一馬當先衝進未知的領域。失去影響力、說服力和權威之後，最後剩下的選項可能就是否決其他人不明智的計畫。否決權表達出的否定判斷，符合康德（Immanuel Kant）的洞見：「否定判斷唯一的特有任務就是排除謬誤。」換言之，否定可能是以理想的遠見為動機，一種奉獻給理想的純粹目標，所以否決權屬於我們接下來要討論的另一種權力——純粹主義。

純粹主義——精神的權力

專制不是最極端的從屬關係。還有一個更遠、更高的階梯，將會走向精神純粹。二十世紀兩位擁有龐大力量的人物馬丁．路德．金恩和聖雄甘地（Mohandas Gandhi），儘管他們的純粹原則和殉難，讓純粹主義的概念受到廣泛推崇和採納，但這仍然是一種鮮少展現出來的權力。此刻我們討論到這種不同凡響的權力，顯示我們正隨著西方傳統的理想，進入精神的領域。向上是我們最喜歡的方向。還記得第二部分剛開始時提到的榮格對權力情結的解釋嗎？關鍵字是「凌駕」。

從精神看來一切都是絕對的。低於精神的一切都必須臣服。凡是不順從精神卓越遠見的，都會被貶到更低的位置。精神會給予清楚的指示，而且不論活動的範圍在多低處，總是著眼於更高的目標，正如同金恩和甘地組織的集會和遊行。沒有一個地點或人物會太渺小，因為精神就是在那樣的謙卑之中，展現出克服一切的力量。精神能克服一切，是因為會作夢和預見；而精神的追隨者爬上賦權的階梯時，必須擺脫處處妥協的生活帶來的糾纏與累贅。所有遊行都是向上，往更好、未來和真理的方向走去。真理是單一且肯定的，不會有兩個，因為兩個就會產生質疑。

精神傳統上的形象就是太陽光芒、箭頭與箭羽、老鷹和鹿角、無形的聲音、山峰、風與火。「清晰」、「秩序」、「真理」、「獨一」是精神最喜歡的幾個詞彙。精神的維度是垂直的，道路是又直又窄的，而情感是孤獨的。一個男人或女人體現了方法與目標，就像毛澤東的長征或聖女貞德的戰役。

這種權力的目的不在於統治其他人，不是專制，甚至也不是為了控制，而是想辦法處於出現在生命中的其他權力之上。純粹主義是一種對生命本身的專制，展現了單一自我掌控生命的權力。因此，精神力量可以在村莊裡安睡，與勞工並肩齊行，因為這種權力不受生活中各種顧慮的干擾。這種權力處於金錢、聲望和名氣之上。它擁有最高等的權威，更貼切的說法是至高無上就是它的權威。純粹主義是透過捨棄積累權力，不是靠擴張收集力量，而是靠克制。儘管精神會強調包容團結，將所有人納入願景中，但它的願景本身卻像長劍的利刃一般鋒利剛硬，完全排他、不可妥協。你常會聽到這種人說：「他永遠不會停手……全心全意……紀律森嚴……對自己很嚴格……他永遠不會動搖，完全知道自己要往哪裡去。」「她全心投入任務……沒人跟得上她的腳步……總是能解決工作……她當然無法容忍蠢人。」在純粹的權力旅途中，他們完全沒有時間進行額外的小旅行，也沒有空應付其他遊客。

單一的願景（這也是純粹主義的其中一個定義）讓他們與世隔絕。展現的權力超越生命要求的人都是孤獨者，有時候是隱士，有時候是正義的十字軍，與狂熱的恐怖分子幾乎沒什麼區別。既然只有死亡是真的對生命漠不關心，因而可以運用超越生命的終極權力，這種權力就會在死亡洞窟內升起火焰，從死亡中汲取力量，以最高價值的名義作為死亡在這個世界的使者。純粹主義者是致命的，所以他們知道所有致命的罪孽。

儘管我們可能會稱頌精神力量的純粹，並且將其理想化，但是我們也會感到懼怕。這種力量與我們保持距離，我們也會退避三舍。不管是我們傾向於在一般的親密生活中避開純粹主義者，或者是他們造成自己的流放，總之是有件事情發生，讓純粹主義不受街頭的日常生活汙染。（並且吸引他們「投入」賣淫、商業主義和醜聞的懷抱。）

在圍繞純粹主義四周的障礙之中，心理學上的障礙是最有效的。首先，有權力的純粹主義稱為菁英主義；再來是自負和冷漠；最後是孤僻和精神分裂。他們為了醫治生命而帶來的熱情，似乎不被生命本身接受。太極端、太激進了。他們無法容忍缺點，我們也無法容忍他們的完美。他們不是團隊成員、組織者或兄弟姐妹。

有人將身為精神力量化身的人，稱為「危險的反社會分子」或「充滿妄想的偏執狂」。我們很容易就會使用精神病學模式的政治控制，類似於蘇聯使用的方法，就是將異議分子送進精神病院，使用跟我們一樣的方法「治療」，治療失敗的就送去坐牢。變態心理學的各個類別，心甘情願地讓自己成為國家純粹主義的工具，防止國家的政治體制受到外來的精神感染。

因為精神中的純粹，不會屈服於主流意識的常識，所以他們似乎有著瘋狂的想法和過度強烈的行為模式。這是因為他們相信自己**真的**能改變世界嗎？電視和大眾媒體（哪一種媒體與大眾無關？）將他們與連環殺手和對婦孺做出殘忍暴行的孤僻之人畫上等號，也將他們與被外星人綁架的「怪人」畫上等號。現狀集結所有的傳統力量，控制、閹割、監禁和詆毀純粹主義，不計代價、不擇手段。

家鄉在某種程度上屬於外在世界的精神純粹主義者，變成了國家的敵人，因為他們的心態讓自己自成一國，就像是索忍尼辛（Alexander Solzhenitsyn）自稱是獨立於蘇聯政府之外的國家。諾貝爾文學獎得主索忍尼辛，的確是在古拉格（Gulags）和癌症病房生起了他的死亡洞窟之火。純粹主義難道不是最高階的權力嗎？而這種權力的專制和自我中心的絕對主義，不也是在服務一種我們所知甚少的權力，也就是精神的權力嗎？

微妙權力──照顧的權力

女性主義數十年來對於權力的關注，改變了許多常見價值。女性主義主張，臣服現在不過就是父權文明的男性霸權下過時的想法。若是依著女性主義的論點來看，那麼我們先前討論的許多權力概念，例如恐懼、暴政、聲望、控制，當然還有暴露狂，全都反映出「死掉的白種男人」文明，還有木乃伊一般的權力概念。此外，這種概念蒙蔽了人們的雙眼，讓人看不到每天支撐我們做各種事情，支撐我們實質能動性的微妙權力。

「能動性」本身就是權力最為抽象和公正的定義，卻在我們的文明中，被侷限為以英雄神話為藍本的狹隘、激烈的能動性。一個孤獨而強壯的人，奮力抵抗邪惡、毀滅敵人；他殺害動物、席捲大地、砍伐樹木、改變河道。他可以把整個世界扛在肩上。隨著我們的國家焦慮地擔心著競爭生產力，而我們將更精簡和更有效奉為目標，我們為了遵循這種佔主導地位的焦慮，而形塑了對權力的概念。權力必須有生產力，而生產力必須是英雄式的。

這些激烈、充滿競爭力和運動員精神的權力概念，不只扎根於西方的英雄神話，也存在於西方的基督宗教。在僧侶、隱士和默觀的聖人之前，在慈悲為懷的修士之前，早期的基督教徒被稱為基督的「運動員」。與其他教派競爭是基督宗教逐漸佔領地中海東部的方式，或者按照現在的說法，是他們掌握「宗教市場」的方式。運動員（*athlete*）在希臘文中，原本的意思是競爭者、在競技比賽中奮鬥的人，以及在奮鬥中遭遇考驗和苦難的人。身為「運動員」，早期的基督教徒都是狂熱的傳教士，他們四處傳教，勸人改變信仰，為了更深入「滲透市場」而奮鬥。競爭的挑戰讓基督宗教日益壯大，正如現在競爭已然成為讓國家保持生產力的方式。

我們不能以其他方式思考生產力嗎？試想一下，豐收女神狄蜜特（Demeter）／克瑞斯（Ceres）那個裝滿誘人美食的豐饒角。試想一下饗宴在許多非西方社會中擁有的力量，聲望、權威和領導的象徵，還有野心的目標，那就是讓現場所有人都吃飽。[7]以「精簡而有成效」作為生產力的主要手段，忽略了在美國資本主義歷史中，累積利潤才是終極目標。顯要人物會把一切還回去：利他主義、慈善、捐贈、仁慈。基金會創辦人在美國歷史中的重要程度，與開國元勳並駕齊驅。難到慷慨必須作為遺囑的一部分拖到最後才做，不能融入日常生活的善意中嗎？

慈善（philanthropy）指的是人類的大愛，這種愛超越金錢餽贈，而且不是令人欽佩之顯赫人士的特權。就連小氣鬼和惡棍也能當博愛的慈善家，為了服務工作或朋友而傾注自己的生命力，在日常生活中展現權力，例如畢卡索和艾茲拉．龐德（Ezra Pound）。慷慨的力量與贈送者本身的意圖沒什麼關係，而是與禮物具備的無關個人的效果息息相關。慈善也是一種撫慰的儀式，讓你將手中一部分的權力還回去，以免你成為這分禮物的受害者。希臘神話中的邁達斯國王（King Midas），收到戴奧尼修斯送給他的絕妙禮物，凡是邁達斯碰到的東西都會變成黃金。但是連他的食物和酒水都變成黃金之後，他便祈求戴奧尼修斯收回這個讓他變得富有無比的禮物。

再來是快樂的力量，快樂主導著我們如何度過每一天。我指的不只是我們每天吃什麼、穿什麼，如何度過夜晚時光。我所指的更像是色彩和滋味的力量，以及與細微的反應和觀察有關的閒聊；感官衝擊、機智、鍾愛和友情的力量——打動身體和靈魂的快樂，可能也是我們做所有事情的最終目標。快樂就像是美和秩序，是少數能改變宇宙的強大力量。佛洛伊德指出，為每個行為尋求性快感的快樂原則（***Lustprinzip***）是靈魂根源的力量，因此將快樂奉為權力君主，而不是「黑暗君主」。快樂原則一直被視為職業道德的對立面，這個觀點將工作貶低為奴役，將快樂貶低為幼稚的逃避，導致我們將快樂視為削弱權力的墮落寄生蟲。

當你在職場上，抵抗以羞辱的「性騷擾」為幌子入侵的阿芙蘿黛蒂／維納斯時，工作與快樂的對立最為明顯，有時甚至顯得十分荒謬。假如我們認為這個快樂女神希望感官和性慾愉悅在生活中的各處找到棲身之所，那麼她當然會千方百計尋找入口，進入那些不歡迎她的地方。所以問題從如何防止性騷擾干擾職場，變成另一個問題：為什麼工作的概念必須與快樂劃清界線？為什麼情慾、美

7 路易士・海德（Lewis Hyde），《禮物的美學》（*The Gift: Imagination and the Erotic Life of Property*, New York: Random House/Vintage, 1979）。

麗、調戲、輕率、甜美、感官愉悅、引誘、魅力、打情罵俏，必須被排擠到只能在單身酒吧和紅燈區出現，好讓工作由一群穿著牛津襯衫和高檔馬臀皮鞋的拘謹「高層」管理？神話告訴我們，任何禁止阿芙蘿黛蒂出現的活動，例如辦公室工作，都會招致她的復仇，而她不只存在於過往的神殿中，也存在於靈魂的神殿中，也就是哲學上對肉體的隱喻。

服務生會告訴你，請享用；當你坐下來工作時，老闆為何不也向你說同樣的話？不只享受工作中的樂趣，也給予快樂，就像愛人一樣。這難道不是跟控制、領導和影響一樣，是權力的一種能力嗎？

另一種類型的能動性呢？例如教學、園藝，或者術後護理工作。老師和園丁都能在自己的領域運用龐大的權力，沒錯，他們用紅筆和修枝剪主導和控制，但是他們不必讓被照顧者臣服。護理師照顧沒有行動能力的病人；專制、暴政、恐懼都有潛力出現，但是如同老師和園丁，她的權力在於維持照顧者的生命。她的能動性的動機和氛圍，與我們先前討論的權力種類截然不同。

維護作為提升能量的方式，提供了另一個支撐和維持作為權力的例子。除此之外，你一定也注意到了，許多屬於維護的活動，例如教學、照顧、護理、清潔、修理等等，長期以來都與女性畫上等號，或是作為「女性的工作」指派給她們。

整個能動性的概念都需要修正。我們只看到其中一半。我們彷彿只看到一九五〇年代的丈夫出門工作，卻沒發現他的「小婦人」才是在門內賦予他權力的人。

孕育生命、懷胎分娩，接著哺育、保護和提升另一個生命的能力，展現出日常生活當中無與倫比的能動性，不論是實際上作為母親，或是隱喻上在其他地方行使權力的方式。為了維持連續性、維護理想和價值，讓你負責照顧的對象茁壯成長，有時甚至是以削弱自己的力量作為代價，這些都不是為了將母性理想化，而是認可一種鮮少寫入管理學教科書的權力原型模式，因為那些教科書都將重點放在果斷表達的技能、對抗不服從和形象投射上。

維持可以達到幾種必然結果：保存、分享、允許。這些必然結果可以賦予其他人權力，而非代表其他人，也推翻了我們先前討論過認為物質是次等且被動，讓我們因此對生產力和表現的態度極度活躍的概念。不同於傳統上認為必須運用最高層級的力量（也就是指揮鏈頂端的力量）改變事物的被動概念，維持的世界觀認為每個人、每項工作、每種生物、每個有生命和無生命的個體中，都存有內在潛力。這種潛力不是呈現惰性，而是如馬克思主義者（Marxist）所說，受到束縛。

受到束縛或監禁的靈魂，是西方哲學中存在已久的意象。在現代科學誕生之前，自然哲學堅稱有火花或靈魂困在世間萬物之中。有幾種藝術能夠釋放這些火花，尤其是煉金術。生動鮮活的形象受困在呆板的物質中，這個概念對藝術的影響，可以追溯到雕像獲得了生命的雕塑家比馬龍（Pygmalion），還有米開朗基羅（Michelangelo），他的鑿子釋放了大理石中與生俱來的形象，而不只是將自己的形象強加於大理石上。

煉金術士認為自己的藝術就是運用了自然的力量，釋放了被鎖住、等待著表達自己的內在潛力。黃金就象徵著從呆板、消沉、不作為，到完全實現潛力的轉變。只要經過妥善的照顧，所有事物都能成為黃金。這種煉金術對比到現在仍然適用，那就是將權力的運用，想像成巧妙地鼓勵和釋放他人內在的力量，透過自行決定而非指導將力量最大化。

能夠與煉金術的自然哲學相提並論，而且對其影響甚深的，就是猶太神祕主義思想。我是指卡巴拉（Cabala）對於「*tsim tsum*」，也就是「撤退」或「退出」的看法。卡巴拉的推論思路如下：既然上帝無所不在，那麼「上帝縮小自己的過程就讓宇宙的存在成為可能」。[8] 必須給予世間萬物空間，才能夠創造和生產。無所不在、無所不能的上帝，排擠了所有其他事物的存在。所以祂必須退出，才能讓祂創造之物存在。上帝唯有退出，才能允許世界存在。最高統治原則，絕對不能是無所不在和無所不知的。唯有上帝讓出一條路才能夠開始生產。祂忽略一切，成為漠不關心的上帝，以良性的忽視來統治。祂放逐自己。這顯然不是那種總是孜孜不倦學習、提升能力的主管。我們從臣服討論到現在，已經有了很大的進展。

8　葛休姆・索倫（Gershom Scholem），《猶太教神秘主義主流》（四川人民，2000）（*Major Trends in Jewish Mysticism*, London: Thames & Hudson, 1955），原書第二百六十頁。

我們可以想像「撤退」發生在日常生活中的情景，這讓撤退變得沒那麼「神聖」。這個概念可能作為沒有能力、軟弱和被放逐的感受出現。覺得自己脫節，沒什麼掌控力的感覺。假如我們將這些時刻，放在「撤退」或透過撤退來創造的脈絡中檢視，也許就比較不會將這些剝奪權力的經驗視為軟弱，而是像上帝一樣，需要運用宏偉的力量，以智慧的自我克制限制一個人的宰制力。管理整場演出的幻想被拋棄；有效集中化和監管的計畫也被拋棄。取而代之的是一個人放棄控制、報告、責任，好讓組織中埋藏的潛力浮現出來。這與藝術的相似之處十分明顯。演員要在舞台上做的事情就是「讓出一條路」，讓他們扮演的角色完全展現出來。作家和畫家也一樣，他們要讓出一條路，不能阻擋作品往紙上和畫布上流動。與個人人格組織的對比就更不用提了。我們得「讓出一條路」，家人才有喘息空間，夢想才不會離我們遠去。這樣的「全然不知」和承認無知，能讓我們走多遠？這感覺就像拋棄我們所有的權力。在偉人的傳記中，有時候會以「創造力匱乏」來描述人生中面臨「撤退」的時期。

女性主義、藝術和神祕主義所仰賴的權力的微妙概念，或者說微妙權力的概念，還是無法涵蓋我們的整個主題。還有超出我們討論之外的力量，我們以手勢和儀式與其接觸。那些力量與商業、政府，甚至是心理學的距離似乎都很遙遠。有些力量確實發生在內心，譬如將我們無法承認的現實強加於我們身上的夢境；譬如讓我們震驚地改變生活模式的洞見。其他力量是從眼睛進來的，譬如一見鍾情的瞬間。至於其他的力量，諸如我們會在發生奇怪的巧合或度過糟糕的一天後，藉由祈禱或在私人神龕點起蠟燭或擺上小石頭來安撫此類力量。接下來是存在於環境中的泛靈力量，二十世紀末期以兩種方式重新探索泛靈論，一是生態學，二是毒物學。生態學主張人類的能動性取決於生物圈的力量，因此人類的存在臣服於生態圈。毒物學的主張是有未知的力量存在於土和水中、食物和空氣中、家具和牆壁中，還有我們使用的高科技機器中。這些力量會導致疾病和死亡。以人類能動性為起點的權力概念，在泛靈論回歸之後就屈服了。現在是存在於各處、萬物和內心之中的權力，需要得到關注和對所有權力更精進的想像。

權力微妙之處的暗示，讓我們回到原住民式的儀式中。傑出的非洲作家馬利多瑪・梭梅（Malidoma Some）如此描述能動性：

……與眾神或上帝不一致的人無法完成任何事……在一天的開始和結束時做點小小的祈禱，並不會花太多時間……藉由儀式將我們做的事情交到神的手中，就得以將事情做得更好，因為參與其中的不再只是我們自己。[9]

只按照自己的理想行事的領導、權威、野心，得冒額外的風險，這個風險就是冒犯到自己看不見的力量。誠如馬利多瑪．梭梅所言：「因為參與其中的不再只是我們自己。」掌握權力的人必須接觸每個世界，根據每個世界的要求做出回應。領導仰賴的本能十分類似直覺，可以察覺周遭發生的事情。有權力的人會接觸周遭的微妙力量，也會被這些力量所觸及，並且成為受困擾的靈魂的集體智囊，會因為他們而感到沮喪，也容易受他們影響。這種開放態度、這種受到影響和抵抗的能力，讓有權力的人為組織的成長和維護服務。你察覺到的微妙權力，既會將你定位為前衛派，也會定位為各種力量的交會點。你就像社群精神的種子，為更不相同又全面的意志賦予聲音。

微妙的權力貫穿了整本書。但是傳統的權力定義，一直讓我們的思維屈服於更古老和類似的概念：權力基本上是使人臣服的力量；能動性需要行使；一個人要擁有權力就得先鍛鍊意志。我們現在認為權力不只存在於人類能動者手中，不是一定要主導其他人，而且絕對不會排斥日常的簡單行為中展現的權力，詳細內容我們會在下一部分更深入討論。優秀的服務，狀態良好的結構，我們工作的辦公室，寫給我們看的報告和會議上對我們說的話語——這些也都是權力，展現出能動性，帶領我們的行為往明確的方向前進。權力源自於可以賦予純粹主義和恐懼計畫權威的概念，例如效率和成長。我們已經看到了，可以控制、影響或專制地操控我們對所做之事的想法和感受的微妙權力。簡而言之，我們認知到了權力的概念中權力的微妙之處。

9 《儀式：力量、治療與社區》（*Ritual: Power, Healing and Community*, Portland, OR: Swan & Raven, 1993）。

第三部分

權力的神話
—神話的權力

走筆至第三部分，我想從另一個角度來談權力。如果說第二部分是區分了經常與權力畫上等號的概念，那麼第三部分將會直接展現神話的力量對於概念的影響。第二部分讓我們理解權力的驅力有很多面向，某個人可能認為權力是有聲望，另一個人可能認為是權威和影響力。我們現在要從類型學轉移到原型學，超越常見的概念和個人風格。

我在此要假定想像中的權力模式，存在於概念之前，並且在概念中揭示的模式。這稱為「古老靈魂」（*archai*），古希臘文中的意思是根本原則，萬物仰賴的基本隱喻，並且為我們的思考、感受和說話方式，提供一致的典型表達形式和風格。神話人物最能展現這些模式，因此神話中的人物成了清楚劃分行為模式和個人風格的快速分類法，近幾年尤其明顯。這些網格更像是想像之地的地形圖，讓心靈用充滿想像力的方式解讀自己；而解釋更像是將想像之地夷為平地的推土機，成為有助於建立概念結構的平淡思想。

我們將這些刻線稱為原型、稱為神話網格、稱為想像人物或思考形式，不論如何稱呼，都與亞里斯多德和康德等哲學家作為基礎心理結構的類別不同，換言之就是不同於空間和時間、運動和數字等抽象類別。神話網格是比喻，是擬人化的，最常出現在藝術中，例如戲劇、繪畫、雕塑、詩作、各種風格的寫作。時至今日，藝術中的神話仍然妝點著公共建築，例如正義女神、理性女神和自由女神的雕像。在古代的羅馬（羅馬人很了解權力），他們用雕像、神殿和祭品，敬拜各式各樣影響著人際關係、國家運作和內心態度的力量。這些敬拜神話力量的神殿，在古希臘也很常見。「光是在雅典，我們就找到敬拜勝利、財富、友情、謙虛、仁慈、和平與其他神的祭壇和聖殿。」還有地方敬拜醜陋、無禮和暴力。這些是我們需要關注的真正力量，不只是「憑空想像的事物」。

人們相信這些無所不能的結構作為眾神，可以決定和界定人類和宇宙存在的各個重要面向。舉例而言，希臘和羅馬神話中的阿瑞斯／馬爾斯，憤怒與戰火之神、城市的守護者，有許多場所、日子和活動都「屬於」他，例如戰馬、長矛和鐵器。他全副武裝保護自己，幾乎沒什麼東西能刺穿他堅固的頭盔。這個充滿男子氣概、滿面紅光、長滿體毛的神衍生出來的象徵意義，將他統管的領域，拓展到日常生活中的各個層面：辛辣食物（辣椒、辣蘿蔔）；紅色的石頭和花朵；

急性疾病（發燒、紅疹）；音樂的節奏和曲調、詩句的斷奏和快速上升的節奏；藥草療法、人物傳說、老鷹和啄木鳥等動物、又熱又乾的地形，還有勸戒、急促、必然的修辭語言風格。一個人在他人、自然、命運或感知世界中接觸的任何事物，都「屬於」一個神話人物。世界是一本翻開的書，可以根據想像的神話網格來閱讀。

至今仍是如此。從巴格達的炸彈，籃球場上的紛擾，到拳頭和鮮血的搏鬥，馬爾斯仍然會從電視螢幕形成的明亮祭壇上撞進我們的客廳。汽車廣告（經常使用紅車）、飛車追逐、賽車、車禍，車子撞進燃燒的塔樓。災難和意外發生的場景——彷彿所有觀眾都在撥打九一一報案電話。馬爾斯掌管的不僅是內容和圖像，還有傳送的速度：跳過細節以便在短時間內「清楚傳達」訊息的刪節號；編輯創造的剪裁、轉換和驚人的並列效果；俏皮話連珠炮；大聲喝采；高亢的樂曲間奏；以及整日整夜的快言快語——DJ就像是來自火星（馬爾斯）的人。星期六早上看充滿「乒乒砰砰」打架音效的卡通；馬爾斯公司（Mars）販售糖果和玩具；電視成為五歲小孩的迷你新兵訓練營。馬爾斯喜歡不容許打斷且急速往前衝的瘋狂風格，而我們這些觀眾會接納，利用分割螢幕和彈出視窗切換各個頻道，或者一次看兩個頻道。

在日常生活中運作的模式帶有的神話色彩，其影響力維持好幾百年，更是文藝復興的基礎。作為一種理解模式，神話人物似乎從裝飾性的藝術比喻、大眾占星學和藥草傳說的漫長放逐中回歸，而且不只是在大衛・米勒（David Miller）[1]、湯瑪斯・摩爾（Thomas Moore）[2]和吉奈特・巴黎（Ginette Paris）[3]等心理學家的帶領下回歸，也驚喜地出現在查爾斯・韓第（Charles Handy）的著作《阿波羅與酒神》（*Gods of Management*）[4]中。韓第描述了四種迥然不同的管理哲學和作法，每一種都以希臘神話人物命名：宙斯、阿波羅、雅典娜、戴奧尼修斯。可以將不同的神視為不同文化，管理運作的方式也各不相同。韓第如此寫道（原書第十一頁）：

---

1 大衛・米勒，*The New Polytheism*（Dallas: Spring Publications, 1981）。

2 湯瑪斯・摩爾，"Artemis and the Puer," in *Puer Papers*, J. Hillman, ed.（Dallas: Spring Publications, 1979）。

3 吉奈特・巴黎，*Pagan Meditations*（Dallas: Spring Publications, 1986）。

4 London: Pan Books, 1985。亦請見詹姆斯・奧格威（James Ogilvy），*Many Dimensional Man*（New York: Oxford University Press, 1977），瞭解以經典諸神為結構引喻的早期研究。

我們將會看得很清楚，每一種文化或每一個神，對於權力和影響力的基礎、什麼事情能夠產生激勵作用、人如何思考和學習、事情可以如何改變，各持有相當不同的假設。這些假設產生出風格截然不同的管理方式、結構、作業程序和獎勵機制……不同的任務需要不同的文化和神。

韓第描寫的四種結構，無法涵蓋整個神話網格。在眾多神話之中，人們最容易明白的是英雄神話。瀏覽一下每個「成功管理學」研討會的廣告，他們都強調什麼？勝利。成就。果斷表達的技能。權力思維。頂尖表現。如何爬上高點、待在高點。如何嚴以律己。如何掌管一切、往前邁進。也看看勝利者們所說，或者與勝利者有關的建議、修辭學和個人經驗：據說家得寶（Home Depot）的董事長和執行長，曾經在一場商務會議上講述下面這個故事：

非洲的瞪羚每天早上醒來時都想著：必須跑得比最快的獅子還快，不然會被殺死。

獅子每天早上醒來時都想著：必須跑得比最慢的瞪羚還快，不然會餓死。

不論你是瞪羚或獅子，太陽升起之後，你都最好拔腿快跑。

我們在前面的篇章提過英雄主義幾次，因為海格力斯等英雄與主導我們權力概念的模式，關係十分密切。英雄不只靠著征服對手、接管他們的疆土來擴大王國，不只要將所有挑戰者當作敵人，不只要在競爭永無止盡的一生中，比所有人更強壯、更敏捷、更聰明，像海格力斯這樣的英雄是以「*soter*」，也就是救世主的身分出現，必須發起救援行動，防止制度走向毀滅。

韓第和我提到的其他作家，都沒有對這些模式做出評論，例如認為宙斯式的層級監督是正確的，而韓第描寫的鬆散、悠閒、充滿個人主義的戴奧尼修斯模式是錯誤的。[5]或者以另外一組神來說：認為阿波羅清楚的命令、不帶個人情

5 戴奧尼修斯的作風亦請見蜜亞・奈斯曼斯（Mia Nijsmans）的"A Dionysian Way to Organizational Effectiveness," in *Psyche at Work*, Murray Stein and John Hollwitz, eds.（Wilmette, IL: Chiron Publications, 1992），第一百三十六至一百五十五頁。

感的正規流程是正確的，而荷米斯詭計多端又倉促的決策過程則是欠缺考慮、草率又不負責任。吉奈特．巴黎則是將阿波蘿和阿芙蘿黛蒂作為對比：「這兩個神對於文明（或管理）而言都是必要的，多神論的心態應該能幫助我們認可兩個神的特質，而非讓兩者相互爭鬥。」（同前文引用來源，第十七頁）湯瑪斯．摩爾將多神論原則延伸得更遠，他表示：「……在真正的多神論中，永遠無法將衝突簡化成二元對立、辯證或兩難困境。多神論的觀點總是增加複雜度和額外的可能性。」（同前文引用來源，第一百九十九頁）這些當代作家都遵循古人的告誡，也就是古希臘劇作家尤里皮底思（Euripides）所言：「每個神都向我們索取，而我們只能以神的錢幣支付——這是無法逃避的事實。」

光是想像從諸神之中選擇，就已經讓我們陷入對立思考，導致眾神相互爭鬥，挑起戰爭或訴訟。我們的工作不是從各種風格中挑選一種，而是欣賞多元。管理層必須面對的每一種處境，皆有不同的結構、有其獨特的要求，而問題只能以在源頭形塑情境的神話人物的「錢幣」來解決。管理技巧變成心理感知，之後反映出神話，也就是以神話感受力理解問題的根源。現在需要什麼「錢幣」？現在是「誰」在做決定？現在是哪個神話在運作？領導能力包含學習模式、學習神的行事方式，我們才不會受到「放之四海而皆準」這種一神論式的簡化想法所害。誠如韓第所言：「對於組織的健康而言，差異不但有必要，更是有益的。追尋單一神的一神論，對大部分組織而言都是不對的。」（同前文引用來源，第三十九頁）

接下來該如何辨別是哪一種模式在主導問題？有三大經驗法則可以幫助你判斷。首先，注意你的語言。第二，感受你的情緒。第三，感知世界的回應方式。這三條法則都是為了讓人意識到，所有問題和決定都有其原型脈絡，會影響你思考的語言、你感受的本質，以及你對其他人產生的影響。原型脈絡就像一片土地，將你、問題或決定和世界涵蓋在一個共同的故事內，讓你無處可逃，古希臘人稱之為主宰命運的情節或神話。我們不只能從參與者的個人層面，以及組織的系統層面分析問題和情境，還可以對通常由神話展現的深層模式進行原型分析。

或許最能清楚辨識概念中的神話的方式，就是求助於未來學，也就是科學預測模型。這些模型顯示出一系列不斷重複發生的相似結構。未來學是以現在的思想模型為主，沒錯；但是也以過往經驗為主，沒錯；也以永恆的古老靈魂或基本的神話網格為主。人類的心智面對未知時，就必須發明和想像，而未來顯然是未知的。這些對於未知事物的想像，例如外太空和遙遠的星球、動物的內在主體性、幼兒和偏遠部落、生命的起源和身後之事，這些想像都受制於許多力量，這些力量將想像帶入明確重複的模式中，將模式投射到我們正在探索的黑暗領域，而我們也聲稱，自己在蒐集證據時看到了這些模式。我們所見之事，其實有一部分被想像扭曲了。我們所說的預測，其實就是投射。事實上，未來學也經常被稱為「投射」。產生投射的因素既存在於主觀心靈中，也存在於客觀數據中，既然心靈最深層的結構，可能是經常又普遍出現在藝術和思想中、儀式和行為中、夢境和瘋狂中的原型模式，我們便能預期這些模式也出現在對於未來的投射中。接下來，讓我們檢視其中幾個比較熟悉的幻想：

1. **歷史的循環**，過往的歷史模式一再出現：民族衝突和種族滅絕；歐洲巴爾幹化；大德意志；日本在一九三〇至一九四〇年代提出的大東亞共榮圈；黃禍；奴隸反抗；納稅人反抗；美國孤立主義；「大聲說不」禁毒活動；清教主義和審查；強盜大亨和壟斷集團（現在稱為享受自由貿易的跨國企業）；殖民主義（西方聯盟的維持和平部隊）；大自然藉由良性的忽視自我照顧（森林大火後重新播種）；海洋的自我再生；回收和轉變；無限的能量來源。重複循環（維柯（Giambattista Vico））、永恆回歸（尼采）。不論接下來發生什麼事，都與已經發生的事相去不遠。

2. **前途黯淡又絕望**。停滯性通膨。零成長。居高不下的失業率。派的尺寸相同，卻有越來越多人要求分到更大塊的派；資源縮水；匱乏；老年人口消耗年輕人的收入。健康的寶寶減少，生病的母親和飢餓的孩童增加；更多人處於社會中模稜兩可的閾限或邊緣位置（基因突變者、身障者、讀寫障礙者、文盲、成癮者、無家可歸者、失業者等等）。種族和民族暴力。物種滅絕。不是順從和懶散就是反抗的無產階級。以一九七〇和一九八〇年代拉丁美洲準法律方法為藍本的嚴格執法；透過人口和經濟使北美洲拉丁化，菁英住在受到保護的地區，毒梟和幫派統管不斷交戰的區域，赤貧族群住在貧民窟，以及中產階級的衰落。坐牢人口增加，學校出現武裝警衛。政府貪污腐敗。還有核子冬天和／或全球暖化的陰霾籠罩一切。

3. **充滿希望的綠化**。水瓶座的新世紀。地球村，自我決定的民族團結社會，例如斯洛伐克和斯洛維尼亞。全新的衝突解決模型。種數十億棵樹重新造林，彷彿一千個光點；「清理」環境災難現場的生物技術。種族和性別平等。社區照護、安寧照顧、日間照顧中心、育嬰假、半私立學校，以精神和社會為目的的藝術重生。和平紅利。寬容看待自殺、寬容看待性傾向。所有牆壁轟然倒塌。合法性交易、合法吸食大麻。創意教育。身障者和貧困者皆能取得資源。醫療照顧和財富共享。

4. **末日災難**。三哩島（Three Mile Island）和車諾比（Chernobyl）等核電廠意外。不可挽回的病毒和基因突變。不溶於水的毒物廢棄問題導致的癌症和生物系統大量死亡。地震。聖海倫山（Mount St. Helens）等火山。伊斯蘭教聖戰、卡哈尼（Meir Kahane）、基督徒公義成為納粹主義重生。沙赫爾（Sahel）地區飢荒。盧安達、索馬利亞、海地、東帝汶、柬埔寨。愛滋病之類的新瘟疫。工業廢氣導致的窒息。核恐怖主義。臭氧層破洞——自然災害導致人民溺死、中毒、燒傷。

破壞免疫系統的傳染病。精子數量銳減。人人武裝；政府崩潰；城市失能；綁架；劫車；游擊隊、暴徒、日本黑道和軍閥；黑手黨。來自外太空的救贖。

5. **管理有方的理性主義**。整個歐洲和北美洲的經濟整合。全新的貿易協議和合理生產、配銷和消費形成的生態球。武器生產量下滑和管制。不斷進步的交通和通訊方式；解決糧食、人口、氣候、能源和資源危機的金融和科技系統設計（策略）。特遣隊、特警隊、智庫。人類工程學；壽命增加；基因技術創新；免疫學進步；實際利用外太空資源。百憂解（Prozac）用量正確。根據複雜統計資料分析得出的樂觀期望。基督宗教各教派的宗教寬容。更多女性、「弱勢族群」和「身心障礙人士」融入社會。對服務產生的新需求創造了新工作。以社會哲學而非僅以市場經濟決定目標：教育、醫療照護、生活品質，而非消費、生產和擴張。改革媒體以反映社會議題。

以上五個例子無法涵蓋所有現象。除此之外，每一個例子都有不同的變化和必然結果，可以提升對未來的投射。儘管如此，這五個例子還是能讓我的論點更清楚：未來是依循網格投射出來的。各個場景暗示了（想像中）背後的作家和主導者，他們引導設計、形塑語言，讓未來學家在經驗證據中「發現」。少了基本的假設，我們根本無法思考，而這些假設就是古老靈魂，或許是想像的心靈所給予的。

如果將這五個例子放在神話的網格中，我們可能會發現，每個例子背後都有個主導者，一種原型的思考方向蒐集需要的證據之後，根據對世界的觀點得出投射的結論。

1. **歷史的循環**暗示了衰落、死亡和更新的大母神（The Great Mother）。四季變化的氣候，月亮的陰晴圓缺，潮起潮落主導一切。萬物都在重複，萬物都是否極而後泰來。商業的循環是不變的律法，就如同華爾街的波動：上升的必定下降，反之亦然。與其說是預測的內容反映出這種特定的原型觀點，不如說是強調與以往模式之間的比較，以及無可避免的重複。主張地球是個有機體的蓋亞假說，只是蓋亞在現代的其中一個表現。

2. **前途黯淡又絕望**。薩圖恩，流浪者、失敗者、殘疾者之主；精確測量和嚴謹科學，例如數學等，鑄幣廠建立者和國庫看守人；吃掉自己孩子的人，冬季、悲哀和頑強忍耐的主宰。狄更斯（Charles Dickens）筆下的守財奴史古基（Mr. Scrooge）。

3. **充滿希望的綠化**。或許是永恆的青春（古羅馬的永恆少年意象），青少年對改變後會變得更好的願景，遙遠的地平線，慾望之翼，美的昇華，快速的解決方式。彼得潘（Peter Pan）。

4. **末日災難**。這是我們文明的**神話**，因為《新約聖經》（*New Testament*）以〈啟示錄〉（Book of Revelations）作為結束，世間萬物將在大火浩劫中灰飛煙滅，準備迎接耶穌再臨。劇變理論為這個神話提供的簡短表述，始終潛伏在基督宗教文明潛意識中對死亡的渴望中。

5. **管理有方的理性主義**。也許這只有反映出十八世紀的理性女神。或者我們可以從中發現，雅典娜／密涅瓦（Minerva）條理分明又完善的建議，以及她的父親，快活的宙斯／朱比特的樂觀主義。宙斯／朱比特的自給自足，以及對於以機智力量戰勝逆境的信念，讓他得以維持身為奧林帕斯主神的氣魄。

其他主導者可以為我描繪的方向帶來其他觀點。原型思考不一定會是一比一的等式，因為這種思考方式是以多神論想像為基礎，各種想法的力量環環相扣、相互影響。沒有一個絕對的真理，一個絕對的身分，一個絕對的解釋。原型思考的價值不在於明確辨別問題，而是要讓人敞開心房，對心中的觀點和投射做出心理反應。我討論到未來並展示圖表和統計圖時，是哪個神話人物影響了我的預測？不僅僅是我看到了**什麼**，而是**誰**正在觀看？是誰形塑了證據、得出結論？是根據哪個觀點和哪個神話網格？我往後退一步跳出自己的觀點，詢問「到底是誰？」的那一刻，我就是在檢視自己的主體性，尋找那些或多或少在潛意識中操控我選擇資料、決定價值優先順序和做出具體結論的想像因素。

說得更精確一點，這種跳出觀點的作法就是原型思考的寓意。假如我們想要更客觀，就要對於主導我們以特定方式看待事物和發表言論的想像，產生更多主觀的警覺心。如果我們不知道是誰在概念背後運作，就會更容易陷入對方的權力中。我們會認同那個概念，為了捍衛概念而奮鬥，之後我們很快就會變成嚴格的信奉者，因為認定那個概念「真的是對的」而深信不疑。職場和婚姻中的人際衝突，其實都是眾神之間的戰爭，是龐大的奧林帕斯力量賦予概念如此堅定的信念。確信的感受必須來自一般自我之下或之上，所以是概念之中存在對於權力的認同，給予傳播者確信的感受。

神話甚至能解釋那種確信的感受。那也是來自眾神，卡珊德拉（Cassandra）的預言如此說道。阿波羅愛上她，藉由親吻她的嘴唇賦予她預言的天賦。但是卡珊德拉拒絕阿波羅的求歡，所以他同時下了詛咒，讓所有人都不相信卡珊德拉看見的明確事實。儘管她能夠準確預言接下來發生的事，卻從來沒有人理會她的警告。她所言皆是真理，卻只會被特洛伊（Troy）的居民當作瘋子。

確信的感受不是取決於其他人接受與否，也不取決於事件是否確實發生。所有感受都來自其他地方，就如同卡珊德拉的預言能力是來自阿波羅。那就是它的真相、它的悲劇，以及它偏執和瘋狂的潛力。你有沒有發現，神話讓事情變得多複雜？神話讓人類的心智即使在面對確定性本身，也變得更加多疑、細膩和多慮。

除了先前簡述的五種有關未來的遠見，我們還要看看一個主導我們現在活動的神話人物，他的權力似乎以飛躍的方式成長——這個譬喻用來形容荷米斯／

墨丘利（Mercury），真的再適合不過，他是希臘和羅馬神話中，手持神杖、思緒飛揚、雙腳生翼的神。

可以追溯到史前時代，同時也象徵著荷米斯的石堆，標記出邊緣、交界處和極限。他設下邊界，但是也靠著創造通道連接近處和遠處、同類和異類、這個世界與其他位於天上和地下的世界，從而克服了這些邊界。所以荷米斯／墨丘利是訊息、通訊、商業交流和市場之神。他主管所有走在連接兩地的道路上，焦慮不安、喜怒無常的人。他也是語言之神、不可見之物的詮釋者、大膽的騙子、機靈的工匠、從容的盜賊，與幽冥世界有著特殊的關係。他總是瞬間出現，是一閃而過的靈感；創新、狡詐、細膩，同時也與陽具和精液有關。作為柵欄、門與郊區道路的主宰，他給予人們途徑，發揮人際網路的奇蹟。

我們難道不是活在由他這種權力主宰的世界中嗎？不只是艾凡．波斯基（Ivan Boesky）、麥克．米爾肯（Michael Milken）、查爾斯．基廷（Charles Keating）和喬瑟夫．傑特（Joseph Jett），而是市場中的所有人，難道都沒有欠荷米斯／墨丘利一枚錢幣嗎？他也可能出現在其他邊境領域的想像中。強子的高能物理學、粒子加速器、無摩擦傳動的超導性和互補原理，似乎都由荷米斯統管，而非阿波羅的穩定規則和傳統法則，而我們與自然界的關係，與其說是為了保護而尋求阿提密斯（Artemis）式的崇敬和虔誠，不如說是尋求充滿創新的墨丘利式智慧和狡黠，以改變基因和戰勝細菌、發明性誘餌和雜交植物。就連規劃打仗策略（這通常是雅典娜負責的領域）和戰場上混亂與激烈的局面，現在也都依賴精密的電子設備和即時通訊（還有夜視功能——荷米斯可以在黑暗中鬼鬼祟祟地前進）。

即使我的住處與最近的報攤、加油站和便利商店距離四英里，各式各樣的訊息仍然會進入我的房子，甚至在我睡眠時也是。傳真機、數據機、電纜、電話答錄機、來電插播、衛星天線、車用電話、Lexis/Nexus、網際網路、電子信箱和可以定時的錄影機。我與全世界接軌，可以用各種媒體平台購物、投資、諮詢和享受性愛。暢行無礙、毫無限制。我的電話和傳真帳單上可以看到每個月與二十個州、十幾個國家的通訊紀錄。然而我只是一個半退休、低調勤奮、住在鄉村的公民。我的朋友和專業顧問、我的學生和親人四散在各地。但是我每天都接觸到某個人，在無形之中以電子方式立即接觸，那就是荷米斯／墨丘利。我的所作所為都是認可他權力的儀式，我的電子設備成了他的神殿，我在凳子上跪拜他。

除了這些設備，我還做了其他荷米斯／墨丘利式的活動。我的心智持續詮釋這個世界、看著徵兆和跡象、探尋象徵意義、研究詮釋學。我所處的時代，是一個公關高手和虛擬實境可以粉飾現實、扭曲和假造語言和形象，讓人們再也無法區別表象和現實、回憶和想像、實例與假象的時代。我學會了軟體、資料庫、電腦外接裝置、磁片、小工具、字首縮寫和簡寫，這些初學者的祕密語言打開了窗口，讓人得以與任何地方的任何人交流，或者與不特定的人交流。以陽具為象徵的荷米斯，透過網路傳送詆毀他人的匿名訊息，非法青年駭客竊取我的想法、侵犯我的隱私。

不論這是不是未來，都是現在發生的事，我們必須認清通訊這塊肥大的組織，可能會變成電子文化特有的疾病。榮格曾寫道「眾神成了疾病」。他們透過我們的系統、我們的行為、折磨我們生命的未知謎團影響我們。通訊這塊肥大的組織，就是荷米斯／墨丘利帶來的疾病。任何一個神都有導致疾病的潛力；當單一的理念得到過度重視，而且受到如同一神論的喜愛和推崇，那麼任何神話網格都會變成癡迷的枷鎖。

在希臘神話中，經常與荷米斯一同出現的是象徵內在與爐灶的女神，在所有儀式中都應該第一個祭拜的赫斯提亞。[6]古羅馬時代，赫斯提亞的女祭司負責看守鹽巴，鹽巴讓日常生活變得有滋味，還能撒在鳥尾上幫助人們抓到鳥；保存、不變。她的形象是一塊擺在中心的圓石、一個火堆。赫斯提亞，自給自足的處女；荷米斯，在無形之中穿越界線、推翻極限。她是永遠存在的私密內在，而他是外在；她是靜態，他是動態；她專心一志（「*focus*」，拉丁文的爐灶），而他會同時出現在各地的道路上。

我們既會看見荷米斯的力量在我們心理線路的迴路上恣意流竄，也會發現

6 荷米斯和赫斯提亞的特點請見威廉・多提（William G. Doty）“Hermes' Heteronymous Appellations,” ***Facing the Gods***, J. Hillman, ed.（Dallas: Spring Publications, 1980）；芭芭拉・柯克西（Barbara Kirksey）“Hestia—A Background of Psychological Focussing,” in ibid.；帕歐拉・皮涅亞泰利（Paola Pignatelli）“The Dialectics of Urban Architecture—Hestia and Hermes,” ***Spring: A Journal of Archetype and Culture***（Dallas: Spring Publications, 1985）；沃夫岡・佛特（Wolfgang Fauth）“Hermes,” ***Spring***, idem, 1988；史黛芬妮・德密塔卡普勒斯（Stephanie Demetrakopoulos）“Hestia, Goddess of the Hearth,” ***Spring***, idem, 1979。

赫斯提亞帶來的互補力量，首先是啟發了治療的概念，其次是僕人領導學的概念。

即使沒有數百萬人也有數十萬人，在市場、通訊、銷售、旅行、文字傳播的領域，過著經常變動的墨丘利式生活，同一時間又以赫斯提亞式的安靜療法，保護和保存內心之火。赫斯提亞作為內在之火女神，讓家庭、城市和每一個人生生不息，她呼喚那些深深著迷於墨丘利之翼的人，在忙碌又不斷變化的生活之中，為了維持專注而「進入」和「待在」治療之中，這個過程通常稱為「歸心」，以此記得墨丘利的另外一半。赫斯提亞提醒荷米斯，他獨自一人是無法專注於願景的，一切都會成為次要的。

僕人領導學，是前AT&T管理研究主管羅伯·格林里夫（Robert Greenleaf）提出的理論和作法，認為服務又將成為最適合新世紀的主要權力形式。僕人領導學強調傾聽、接受和同理心，藉由靈魂的內在連結，以內斂的方式進行領導。儘管語言和概念清楚反映出以賽亞（Isaiah）和耶穌受折磨的僕人形象，不過赫斯提亞賦予僕人領導學的正是深度內在關注，而不是提升基督宗教模式中的磨難。赫斯提亞式的服務不是磨難。她會讓生活立刻有所感覺，不是像荷米斯那麼迅即，而是就在眼前、緊密、強烈，如鹽巴一般具體、如火焰一般直接，此時此刻，平穩地安於眼前的事物。

但是這個「我」，也就是未來的每一個人，不會安於一處。我的房子不是我的城堡，而是我的辦公室，還有稅務沖銷。會在固定時間打開收音機、CD播放器和電視（在「我」不在時錄下節目）的自動定時器，保護著我的房子。屋外的燈會隨著感應裝置開啟和熄滅，防止強盜入侵（盜賊荷米斯的幻想）。不需要有人在家，房子自己就能運作，爐灶就是恆溫器。存在就是插上插頭，電腦永遠不會關機；所有系統都以荷米斯敏捷的步伐運轉著。

既然我的朋友都在電話和傳真機上，我就能忽略來來去去的鄰居。我的插播電話增加兩倍。我看到的新聞是關於巴拿馬、納米比亞和羅馬尼亞，而不是我所在之處的教育局、土地規劃和分區管制委員會、社區的訃聞。我參與的慈善事業都很龐大：紐約的流浪漢、邁阿密（Miami）的難民、舊金山（San Francisco）的愛滋病患者，而不是路上那些靠食物券和微薄補助金維生的失業者。我甚至不知道他們是誰。綠色和平組織（Greenpeace）為北極圈的鯨魚而奮鬥——那麼在住家附近鳴唱的鳥兒呢？有線電視播出好看的節目，誰還要出門在街上蹓躂？「我」存在於所有地方，就是不存在在這裡。

荷米斯沒有錯，赫斯提亞也不全然正確。我不是想在他們之間尋求折衷與平衡。讓兩者的混合更平衡，其中一方多一點、另一方少一點。我的重點與其說是道德和務實，不如說是心理學，而且與權力有關。

我們在第二部分討論各式各樣的權力時，區分了不同的風格和意義。那些權力看起來只是一系列不同程度的詞彙，各自強調不同的意義，各種風格看起來也能夠合理解釋。當然，一個人可以區別暴政和主宰與權威和影響力的差別。乍看之下，權力似乎是個可以理性掌控的東西。

但是深入探索後展現了另一種類型的權力，或者說是不同層次的權力。這種權力藉由主導我們對人生的想法，讓我們的人生運轉。這種觀點指出，我們是根據神話網格的原型概念做出所有行為。這種權力超出我們的掌控範圍，將我們交到眾神手中，那些透過情結、症狀、特質、本能和幻想在人類心靈中發揮作用的神。

古希臘最偉大的劇作家之一尤里皮底思提過一句話：「萬物充滿了神。」對我而言，萬物是我腳邊的狗、我院子裡的樹、撐起我家房子的石頭，還有載我去上班的公車，以及我的工作桌。假如「萬物充滿了神」，那麼我們人類也是，我們內心的思考和我們的想法，在在充滿了神。就算在我們的內心，萬神殿的主神是大寫的自我「I」（我），我們每句話的開頭都有意識地見證了「我」的存在，我們仍然受制於神話。「我」不相信神話是真的，所以神話無法擁有權力。「我」成為單一中心的神，藉由宣布真實來創造真實，因而根據他自己的神學塑造世界。

如果神話網格的論點是有效力的，那麼「我」所宣布的獨立，就必須被解讀為抗爭。「我」害怕與其他神分享權力，因此他藉由否認讓其他神消失，他們卻仍然在幕後操控他。再次重複詩人奧登的詩句：「我們仰賴假裝明白的權力而活。」

我提出的是心理學的觀點，不全然是一般認知中的宗教信仰。「我」沒有被要求相信。這種在「我」的王國地窖和邊緣地帶中，充滿我們心智和行為的對各種權力的心理感知，不需要祈禱、牧師或權威，不用要求證人或證詞，不會擔負罪惡感。對於他們的心理感知，只是一種幾乎原始和天真的意識，縱使意志匱乏、內心絕望，你也永遠不是孤身一人，永遠不會毫無權力。有其他力量一直記掛著你。

結語：權力與各種權力

在你闔上本書前，容我再說幾句話：整本書中都有個隱藏的理念，那就是多神論的世界觀。這種世界觀宣稱，想像最基本的力量就是那些讓我們的思想和行為符合普遍模式的無形神話。在我們的文化中，這些主宰一切的力量，擁有希臘文和羅馬文的名字，而且在其他文化中也都能輕易找到對應，包括埃及、愛斯基摩（Eskimos）、海地、玻里尼西亞（Polynesia）、西非和美洲原住民文化。膚色不同，的確；每一個神在各地總有居所和各式各樣的名字，儘管他們的臉都很相似。在占據主導地位的歐洲中心主義文化中，希臘／羅馬的模式是最有關聯、差異最大的，因此也是最強而有力的。我所謂的強而有力，指的是有影響力、有權威、有威望、有掌控力和專制的。即使這些主導我們思想和行為的想像模式完全是父權主義，又被譴責是危險和致命的，就像是文明數千年來無法擺脫的有毒廢料場，那些模式就是根源，無法逃避。多元文化主義無法跳出幾世紀前的希臘銅製大熔爐。所以，只要這個文化在傳統上和官方上屬於印歐語系、政府和教育機構、家族結構，以及定義為藝術、科學、宗教和人類本質的思考模式，儘管我們可以用美妙的方式延伸、改善和重新想像，我們仍然無法改變心智。

藉由揭露這些我們一向遵循，而且仍然主導我們事業、扎根已久的權力概念，並且緊守這些概念，而不是視之為不復存在的父權體制的遺毒，從而棄如敝屣，我們就能夠接納本書中提到的，不斷出現在當代場景中的概念。其中有些概念是：比較不羞辱人的維護和服務概念，不是始於臣服的微妙權力概念，在現在這個時代更真實反映出人生事務的成長類型。但是，世界可能不會進入一個更善良和溫柔的新時代，讓藝術和神祕主義領域中更快樂的模式，取代我們面對管理、製造和生產時，採取的渦輪、高壓和高張力模式。恐懼、虐待狂和人類死死握緊的拳頭，永遠不會完全轉變成帶來撫慰和祝福的手心。

從奧斯威辛（Auschwitz）（或特雷布林卡）的灰燼中傳出，代表著歐洲中心文化高峰的聲音如此說道：「這個世界是由權力統治。」[1]這個宣言很快就遭到另一個說世界是由愛統治的聲音反駁，這就是為什麼每當權力佔據主導權時，我們總是無比震驚。我們內心認為世界不可能真的是凶殘和暴力的，而不會像權力一樣展現自身意圖的愛，還是會以微小又無形的方式，從內在或幕後主導一切。權力可能會大肆誇耀、咆哮和囚禁他人，但是愛會讓價值延續。愛征服一切。

這種堅稱愛與權力對立的聲音，通常是來自西歐、北歐、基督宗教和浪漫主義文化。這種想法的一部分反映在對《舊約聖經》（*Old Testament*）和《新約聖經》的簡單劃分上，前者代表權力，而後者代表愛。這種對立除了產生沒有愛的專制和控制，以及毫無權力、只能靠著希望而無法以意志行動的愛之外，還能產出什麼結果？愛與權力不是敵人，是我們的想法讓兩者對立。改變想法之後，

1 奧托．弗雷德維希（Otto Friedrich），*The End of the World*（New York: Coward, McCann & Geoghegan, 1982），第二百九十四頁，引自詩人塔德烏茲．波洛夫斯基（Tadeusz Borowski）：「集中營的存在……告訴我們整個世界真的很像一座集中營……人為了拯救自己，什麼罪行都做得出來。世界不是由正義或道德統治，罪行不會受到懲罰、美德不會受到獎勵，所有人都同樣會很快被遺忘。這個世界是由權力統治。」

我們就能開始在曾經沒有愛的權力概念，例如野心、暴露狂、聲望、抵抗，甚至是恐懼之中，發現隱藏已久的仁慈。我們也能夠理解說服、純粹主義、專制、控制和影響，如何進入愛的實踐之中，增強愛的能動性，給予愛居於生命之上的權力。

要解決權力和愛之間令人厭倦的對立，只需要一個簡單的步驟，那就是從單數變成複數，加上「s」就對了。世界不是只有一個，權力不是單一的概念，而愛有成千上萬種變化，甚至有許多偽裝，就像是沒有專利註冊的商品，無法歸於任何單一的解釋。

商業亦是如此，利潤不只是商業夥伴和股東的利潤。我們可以放寬獨尊利潤動機的一神論思考，騰出空間給其他類型的盈利：對長遠的人生和後代子孫有利，對共同利益的快樂與美麗有利，對精神有利。社會與經濟責任的雙重底線觀點，只能將利潤的概念延伸到一個程度，利潤的概念本身還是得成為複數。

在每個概念的後面加上小小的「s」變成複數，正是本書的主旨。所以本書刻意複雜化「權力」一詞，區分詞彙的涵義就是為了讓我們的心智更複雜。我一直在暗示，我們需要一個能意識到複雜性的心智，才能做出乾淨俐落、簡潔明瞭的行動。假如要做出直接而單一的行動，思考就必須是多元和多樣的。思想可以包含多個選項、多元的對比意義，而且可以預見伴隨概念而來的各種結果。因為思想太單純而容不下的模稜兩可，會變成矛盾滲入行動中。思考必須實際去想和質疑，否則就會因為「再三考慮」的猶豫不決而混淆方向、削弱力量，因而無法完成行動。

神話，在這種複雜的思考中扮演舉足輕重的角色。古代神話在文藝復興時期東山再起，眾神重新成為想像的主宰和反思的範疇。神話復興，賦予文藝復興時期的思想極大的複雜度，專心致志的單一思想，分裂成擁有各種可能的萬神殿。意義的數量大增。而在同一個時期中，行動是極為果斷和持久的。科學實驗、探索世界、金融創新和藝術成就都在大膽進行，這段時間內主導思想的是悖論和微妙的暗示。

我從文藝復興時期學到的道理，以微妙的方式證明了，你在閱讀本書時耐心吸收的神話之旅和概念強化是合理的。在整本書中，我藉由神話、字源和字典解釋，偷偷改寫了在我們這個時代隨處可見的汽車貼紙標語，也就是將環保主義者提倡的「全球思考、在地行動」改寫為「精妙思考、簡單行動」。為了達到精妙思考，我試著將本書中提到的所有問題，往多元的多神論理念方向拓展。因為權力不是單一的，所以不能以任何單一概念掌握。我們的基督宗教和猶太教傳統，區別了各式各樣的權力：在希伯來文和希臘文《聖經》中，至少使用了包括 *el*、*zeroa*、*chayil*、*koach*、*izzuz*、*dynamis*、*arche*、*kratos* 在內的二十五個詞彙描述，而我們全部都以「權力」為其統一翻譯。[2]

我們必須討論各種權力，而非單一一種權力，這樣一來我們就不會再將所有權力歸於單一一個地方，例如人類意志的單一能動性。除此之外，人類身上也有一些力量，例如充滿熱忱的投入和某種意識形態的專制，會讓意志本身受到折磨和屈服。還有一些力量加總起來會超越人類的能動性，其他文化是透過獻祭雞隻、[3]點亮蠟燭、施捨，創作標語、舞蹈和手勢，承認這些力量的存在。根據首屈一指的宗教現象學家范德雷（Gerardus van der Leeuw）所言，這些超越我們能動性的力量[4]，就是我們說的「神」所指的意義，以及我們所有「宗教」儀式的源頭。但是我在本書中沒有跟隨他的指引，走上祭司、薩滿和神學權力的道路，也沒有沿著喬治・桑塔耶納（George Santayana）（他晚年的著作《主宰與權力》（***Dominations and Powers***））、伊利亞・卡內提（《群眾與權力》（***Crowds and Power***））、諾曼・卡森斯（Norman Cousins）（《權力病理學》，（***The Pathology of Power***））、或者卡爾・馬克思（Karl Marx）、馬克斯・韋伯（Max Weber）和艾瑞克・沃格林（Eric Voegelin）經典著作的權力分析之路前進。

我們也沒有採取第三條，也是我比較熟悉的道路：深度心理學歸類於潛意識心靈的權力概念——本能、情結、驅力、回憶、情緒。這些權力與宗教和國家的權力一樣，超越個人意志。

我不採用這些可能會將檢視侷限在宗教、政治或心理學領域的方法，而是

2 請見羅伯特・楊格（Robert Young），《楊格氏彙編》（***Analytical Concordance to the Bible***），（7th ed.; London: Society for Promotion of Christian Knowledge, n.d.），「權力」一條。

3 請見路易茲・曼努艾勒・努吉耶茲（Luis Manuel Nujiez），***Santería***（Dallas: Spring Publications, 1992）；賽登・羅德曼（Seldon Rodman）和卡羅・克利佛（Carole Cleaver），***Spirits of the Night: The Vaudun Gods of Haiti***（Dallas: Spring Publications, 1992）。

4 范德雷，《宗教的本質和顯現》（***Religion in Essence and Manifestation***, 2 vols.; New York: Harper Torchbooks, 1963）。

試著告訴大家，超越人類意志的權力會影響我們的日常生活。我們一直活在那些權力的氣場之中。影響力之強大可能超過天神、天使的代禱和魔鬼的法術的，就是那些已經在我們心中根深蒂固，而我們卻在日常生活中毫無察覺的概念。在所有讓我們的行動屈服於高階權力的大小力量之中，概念擁有最直接和立即的影響。不只是神話人物、不只是政治國家、不只是潛意識中的情結，我們受制於概念，透過概念篩選和形塑出宗教、政治和心理學的權力。所以經歷過納粹大屠殺的波洛夫斯基說得沒錯：這個世界是由權力統治，各種概念的權力。

神話說，沒有任何事物會永遠死去，甚至是我們認為是錯誤、視為「歷史」並拋諸腦後的事物。特雷布林卡滅絕營是專制權力的巔峰，在特雷布林卡建造前存在於想像中，在特雷布林卡被夷為平地後依然存在。所有事物都會想辦法回到心靈的馬戲帳篷中，即使可能只會變成病理學上的古怪小節目。神話的多神論網格架構，讓馬戲團中的所有表演同時進行，也提供了安全網和支撐索，避免整場演出分崩離析。一旦我們放下對單一中心概念的執著，以及統一就是秩序的概念，事物就不會真的分崩離析，而是只會繼續依據各自的類別，進行各式各樣的表演——雜技演員、小丑、老虎、馬匹和在高空鞦韆上跳躍擺盪的極限表演者；心靈一圈又一圈，永無止境地接納（entertain，亦有娛樂之意）概念，也被概念接納。

國家圖書館出版品預行編目（CIP）資料

你不知道的權力的二十種面貌：權力不只是政治人物的事 也和商業社會裡每一個上班族有關 / 詹姆斯 . 希爾曼（James Hillman）著；鄭依如譯 .—- 初版 .- 臺北市：英屬蓋曼群島商網路與書股份有限公司臺灣分公司出版：大塊文化出版股份有限公司發行，2024.04

面；公分 .（黃金之葉；32）

譯自 : Kinds of power : a guide to its intelligent uses

ISBN 978-626-7063-66-8（平裝）

1. 商業心理學　2. 權力

490.14　113003190

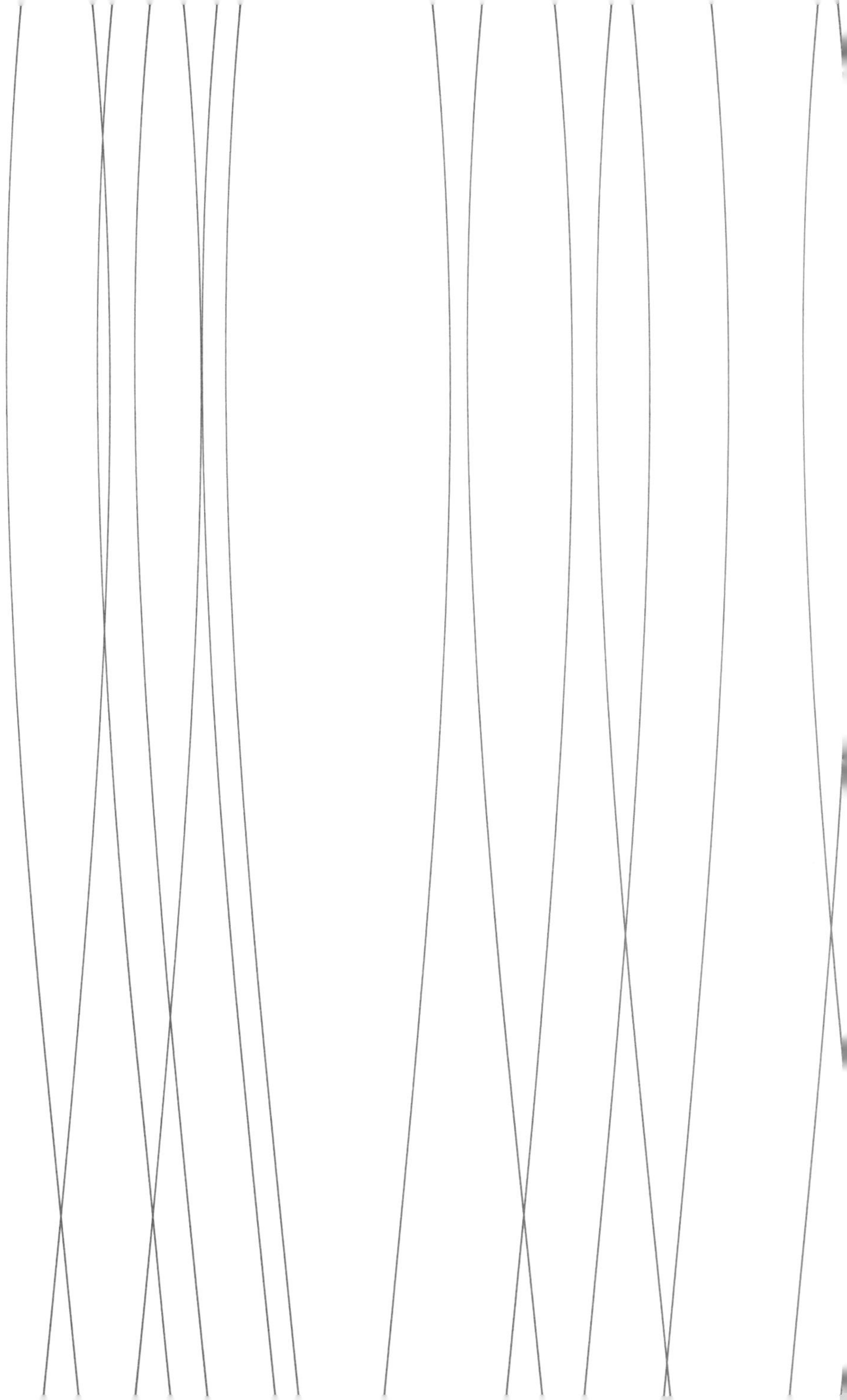

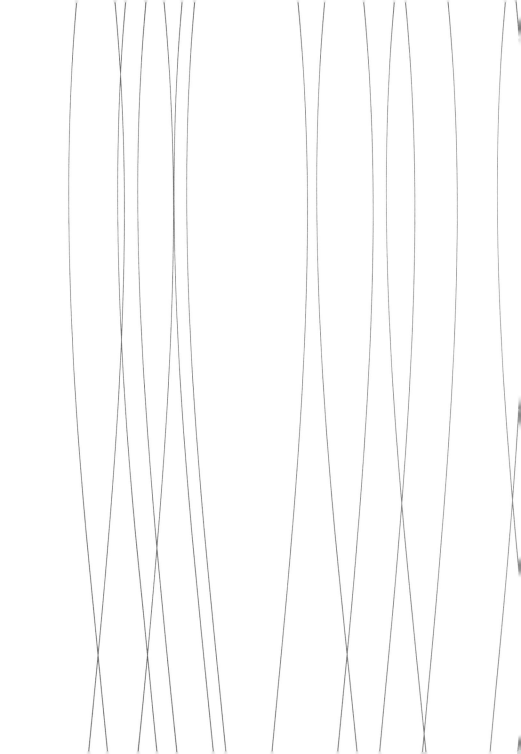

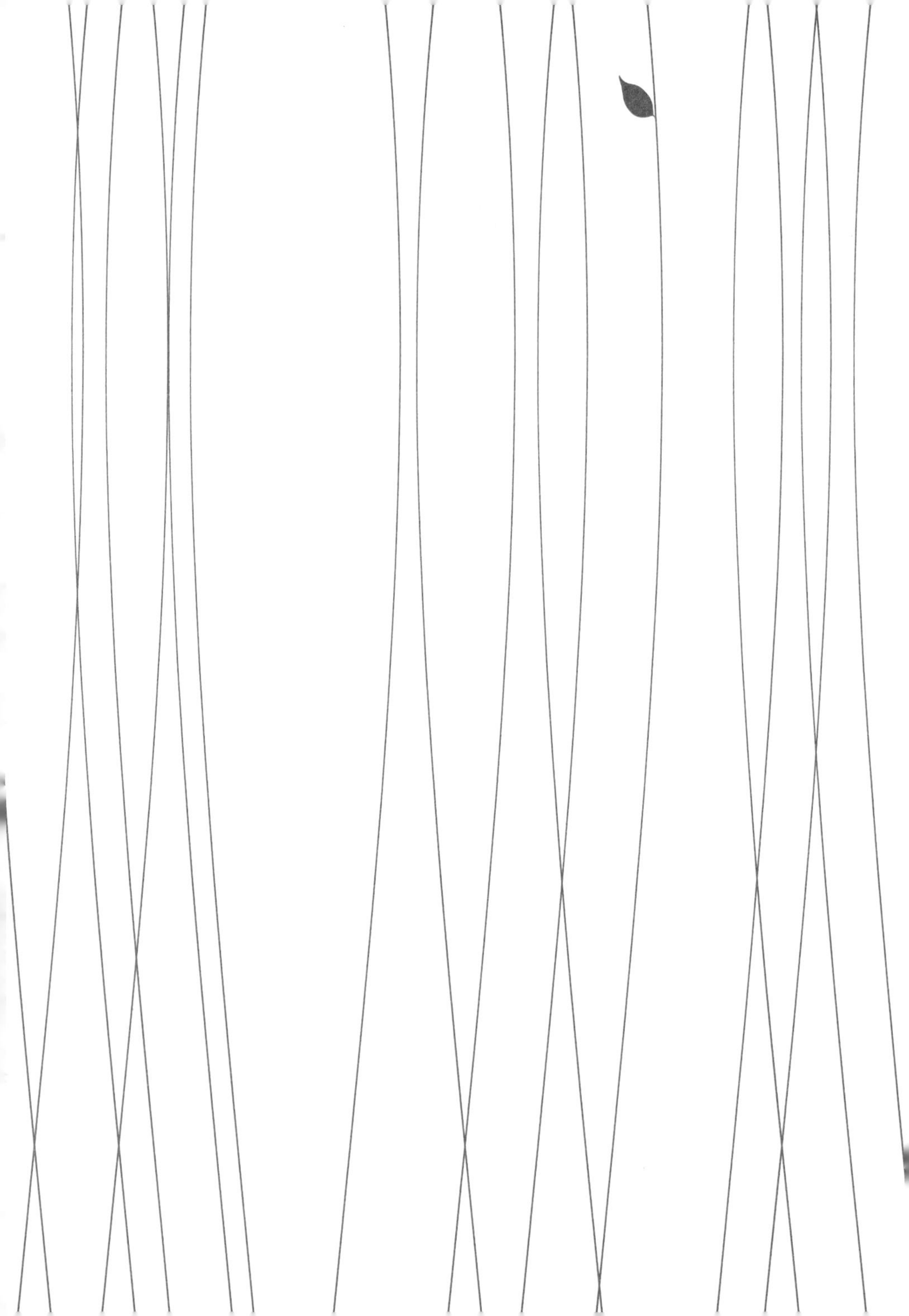